JN120102

3STEPシリーズ
2
環境倫理学
吉永明弘
寺本剛
＝編
Series: 3STEP
-
Volume: 2
-
Environmental Ethics
-
-
Edited by:
•YOSHINAGA Akihiro
•TERAMOTO Tsuyoshi
昭和堂

はじめに

本書は「環境倫理学」の大学生向けテキストとして作成されたものです。本書では，①倫理学の基礎理論と環境問題に関する基礎的な事実を一から解説し，②環境倫理学の重要なトピックについて最新情報を含めて紹介するとともに，③具体的な環境問題に対して各自が自分の頭で考えるための理論的な「軸」を形成するための材料を提供しました。

・

できるだけ記述を平易にしていますので，学生のみなさんは本書を独力で読むことができるでしょう。また，各章は独立しているので好きなトピックから読むことができます。ただし，序章には，各章を読むために最低限必要な知識が並んでいますので，まずは序章を読んでください。

・

倫理学の最低限の知識は，第Ⅰ部（第1章から第3章）を読めば頭に入るでしょう。環境問題をめぐる国際的な情勢を知りたい人には，序章，第6章，第10章を読むことを勧めます。環境倫理学の最低限の知識は，加藤尚武氏が提示した①自然の生存権，②世代間倫理，③地球全体主義の内容です。序章，第1章，第4章，第5章，第7章のなかでそれらを解説しているので，押さえておいてください。

・

加藤氏は『地球環境読本Ⅱ』（丸善，2004年）の「はじめに」のなかで，環境経済学者ハーマン・デイリーが提唱した，持続可能な開発のための3条件を高く評価し，それらを次のように短くまとめています。「一，生物資源を永続的に利用するための収穫の制限，二，枯渇型資源の再生型資源への転換，三，分解・吸収能力以下の廃棄物の排出」（ⅳ頁）。加藤氏はこれを学生には必ず教えることにしていると書いています。そのこと自体に異論はありません（デイリーの三条件は決定的に重要です）が，環境倫理学の焦点をここにしぼると，資源管理論，あるいは人類の生き残り戦略論になってしまうでしょう。この路線を進めていくと，倫理学よりも政治経済学や自然科学の知見が重要になってきます。

・

加藤氏の路線は重要ですが，環境倫理学をそこに集約しなければならない理由はありません。今道友信氏は『エコエティカ』（講談社学術文庫，1990年）のなかで，我々は「ただ生き残るのではなく，やはり，人間らしい品位をもって生き残る，つまり，よく生きること」（154頁，傍点原文ママ）を目指すべきと述べています。これこそが倫理学のアプローチではないでしょうか。関連して，井上有一氏が『ディープ・エコロジー』（昭和堂，2001年）のなかで用いている言葉を借りれば，環境倫理学の仕事は「環境持続性」の探究よりもむしろ，「社会的公正」と「存在の豊かさ」の探究にあるように思われます。社会的公正に関しては，第Ⅲ部（第7章から第10章）で直接に論じています。存在の豊かさに関しては，地域における人間と環境との関わりに注目した第Ⅳ部（第11章から第14章）の議論がほぼ該当します。そしてこれらは，持続可能な開発目標（SDGs）の射程と重なり合うものといえます。

・

教員のみなさんは，本書の順番に従って授業を展開することができます。各章末の「ケーススタディ」は，理論と現実問題とのつながりを説明するうえで役に立つものと考えます。また，「アクティブラーニング」は，授業内での議論，授業期間中の課題，授業終了後の課題として用いることができるでしょう。

・

本書を作成するうえで，以下の方からご教示を得ました。児玉聡さん（第1章），道家哲平さん（第6章），高田幹人さん（第11章），石渡正佳さん（第13章）。また，昭和堂の松井久見子さんと工藤雅史さんからも，たくさんの有意義なご指摘をいただきました。どうもありがとうございました。ただしいうまでもなく，内容については執筆陣が，最終的には編者が責任を負っています。

吉永明弘・寺本剛

目　次

第Ⅱ部 「自然」と環境倫理学

序章

環境倫理学の歴史と背景

沈黙の春からSDGsまで

吉永明弘

序章では，各章の内容を読みやすくするために必要な事項について網羅的に解説する。最初に，倫理学における環境倫理学の位置づけについて説明する。次に，『沈黙の春』に始まる環境問題の歴史をつづり，続けて環境倫理学の歴史を概観する。1970年代にアメリカで誕生した環境倫理学は，主に自然の価値についての議論を展開してきたが，次第にその有効性が疑われ，より学際的かつ実践的な議論が求められていった。日本には1990年代に導入され，その後，地球環境問題への対応を念頭に置いたグローバルな環境倫理を構築しようとする流れと，地域ごとの多様な自然観に根ざしたローカルな環境倫理を学際的に探究する流れに分かれた。このような経緯から，現在では環境倫理学の3つの流れを理解することが必要になる。最後に，これら3つの流れをふまえつつ，本書の構成を示す。

KEYWORDS #沈黙の春 #公害 #放射能汚染 #気候変動 #持続可能な開発 #SDGs #環境プラグマティズム

1 | 環境問題の歴史

・

倫理学から環境問題にアプローチする

この本は「環境倫理学」の教科書である。環境倫理学は，環境問題について倫理学の立場からアプローチする分野ということができる。倫理学というと，高校の倫理の教科書にあるように，ソクラテス，ブッダ，孔子から始まって現代の哲学者に至るまでの学説を学ぶものとしてイメージされるかもしれない。もちろんそれも間違いではない。今日の大学での倫理学の授業では，なかでも最も重要な学説である「功利主義」「義務論」「徳倫理学」について学ぶことが一般的である。本書でも第1章から第3章まででこれらの学説を紹介する。そしてそれぞれの観点から環境問題にアプローチしていく。

このようなやり方には有効性もあるが，限界もある。というのも，環境問題は既存の倫理学（規範倫理学（normative ethics）と呼ばれる）では対応できない問題のひとつとして認識されているからだ。

環境倫理学は，規範倫理学とは区別される「応用倫理学（applied ethics）」の主要な分野とされている。応用倫理学は，「20世紀後半に爆発的に発展したテクノロジーが現代社会につきつける倫理問題に，既存の規範システムが対応しきれていないという問題意識から生まれた新しい研究領域」（水谷 2005: 5）である。具体的なテクノロジーとしては，生命操作や高度医療の技術，および情報通信技術が挙げられる。それらは生と死の概念，あるいはプライバシーや著作権という概念を揺り動かすことになった。そのため，これまでとは異なる，新たな倫理学を創造すべく，生命（医療）倫理学と情報倫理学が1970年代以降にスタートした（それぞれの具体的な中身については，『応用倫理学事典』（丸善，2008年）などを参照してほしい）。

テクノロジーの発展は，地球上の人口を増大させるとともに，資源やエネルギーの消費量を爆発的に増大させ，それは地球規模の環境改変を導いた。他の応用倫理学と同様に，環境倫理学には，このような事態に対して従来の倫理学では対応できないという問題意識がある。

•

『沈黙の春』の問題提起

裏を返せば，20世紀後半に至るまで，環境倫理学という分野は存在しなかったということである。そもそも「環境問題」自体が20世紀後半にテーマ化されたものなので，それ以前には環境倫理学だけでなく，環境社会学も環境経済学も成立しようがなかった。

もちろん，今でいうところの環境問題は，個々の事象としては存在した。森林伐採，土壌の流出，砂漠化，大気汚染，水質汚濁，有害物質による健康被害，こういったものは昔からあった。また，いわゆる自然保護運動や社会改良運動も存在した。自然保護や公衆衛生に関する法律や政策も存在した。しかし，それらが包括されて「環境問題」としてテーマ化され，それに対応する「環境政策」や「環境運動」という括りが生まれたのは，1962年にレイチェル・カーソンが**『沈黙の春』**を出版して以降のことといえる。

本書でも複数の章で言及されるカーソンの『沈黙の春』は，農薬による生態系の汚染と生き物や人間の健康被害を告発し，その結果，農薬として使われていたDDTの使用が禁止されるなど，社会に大きな影響を与えた本である。そしてこの本によって，農薬（化学物質）がもたらした環境汚染による生き物や人間の健康被害が「環境問題」として提起され，それが社会的・政治的に重要なテーマとして設定された。今，我々が普通に使っている意味での「環境問題」のルーツはここにある。ちなみに環境経済学者の寺西俊一は，環境問題を①汚染問題，②自然問題，③アメニティ問題に分類しているが，この区分はアメリカと日本の環境倫理学の違いを捉えるうえで有用なので覚えておいてほしい（寺西 2000:60）。

•

国連人間環境会議と四大公害訴訟

カーソンの問題提起がひとつのきっかけとなり，また人口増加による地球の有限性の自覚，典型的には資源の不足に対する懸念（「人口爆発」や「成長の限界」といわれた）なども相まって，環境問題は国際的な政治課題となった。1972年には初めての環境に関する国際会議である「国連人間環境会議」がストックホルムで開催され（そのため「ストックホルム会議」と呼ばれる），環境に関する国際機関である「国連環境計画（UNEP）」が発足した。同時期（1971～73年）

に，日本では四大**公害**訴訟（水俣病，四日市公害，イタイイタイ病，新潟水俣病）において原告（被害者）が勝訴し，環境汚染や健康被害に対する企業の責任が認められた（政野 2013）。都市の大気汚染なども深刻化しており，当時の日本では環境問題というと第一には「汚染問題」を意味していた。

・

放射能汚染の問題

1986年4月に，旧ソビエト連邦で重大な汚染問題が発生した。チェルノブイリ原発が事故を起こし，大量の放射性物質がまき散らされたのだ。これは現在に至るまで最悪の原発事故である（ただし，それ以前にアメリカでも1979年にスリーマイル島で原発事故が起こっているし，中規模の事故はほかにも確認されている）。2011年3月には，東日本大震災のさなか，福島第一原発が爆発した。これによって放射性物質が広範囲に拡散し，その影響は今も続いている。

核兵器や原子力発電所による**放射能汚染**は，れっきとした環境問題である。日本でも海外でも，環境運動は反核運動と結びついてきた。それに対して，日本では原子力政策と環境政策が分離されてきた。

たとえば，環境基本法第2条3によれば「公害」は大気汚染，水質汚濁，土壌汚染，地盤沈下，悪臭，騒音，振動の7つを指す。一方，放射性物質による大気汚染，水質汚濁，土壌汚染の防止については，福島第一原発事故以前には，同法第13条で，原子力基本法その他の関係法律で定める，とされていた。また，大気汚染防止法と水質汚濁防止法でも，福島第一原発事故以前には，放射性物質による汚染・汚濁に関しては当該法律を適用しないとされていた。土壌汚染対策法では，今でも規制の対象となる特定有害物質から放射性物質は除かれている（矢部 2014：90-93）。そのためか，市民のなかでも，原発問題が環境問題として意識されていないことが時々ある。

チェルノブイリ原発事故と同年（1986年9月）に，1冊の本が刊行された。ウルリヒ・ベックの『危険社会（*Risk Society*）』である（ベック 1998）。これは原発事故後の社会を予期していたかのような内容であり，福島第一原発事故以降の日本の状況を考えるうえでもおおいに参考になる（本書第9章を参照）。ちなみにベックは，福島第一原発事故後に，ドイツの「安全なエネルギー供給のための倫理委員会」のメンバーになり，その後の脱原発政策に影響を与えた。

•

地球環境問題の登場

1988年6月22日，ジェームズ・ハンセン博士がアメリカの上院で「99%証言」（地球は温暖化しており，その原因は99%の確率で人間活動に由来するCO_2の増加によると証言）を行った。これ以降，**気候変動**問題（いわゆる「地球温暖化」）が急速に国際政治の重要課題となった（米本 1994：25-27）。前後して，フロンガスなどによる「オゾン層の破壊」が話題になり，それらは国境を越えて地球全体に大きな影響をもたらすことから「地球環境問題」と呼ばれるようになった。一般に，地球環境問題とは，地球温暖化，オゾン層の破壊，熱帯林の減少，砂漠化，酸性雨，海洋汚染，野生生物種の減少，有害廃棄物の越境移動，途上国の公害を指している（平成2年版『環境白書』を参照）。

地球環境問題の盛り上がりの結果，1992年，リオデジャネイロで「国連環境開発会議（地球サミット，リオサミット）」が開催され，「リオ宣言」と「アジェンダ21」が採択された。あわせて重要なのは「気候変動枠組条約」と「生物多様性条約」が採択されたことだ。「気候変動枠組条約」については，1997年の第3回締約国会議で「京都議定書」が採択され，「生物多様性条約」では，2010年の第10回締約国会議で「愛知目標」と「名古屋議定書」が採択されるなど，日本もこれらの条約や会議の一翼を担っている。この2つの条約は現在の気候変動政策と自然保護政策の大本なので，本書でも第6章と第10章で詳しく解説する。

ちなみに現在，我々がよく耳にする「地球にやさしい」「エコ」「リサイクル」という言葉（の一般化）は，この1988年から1992年ごろの地球環境問題の盛り上がり（「環境ブーム」とも呼ばれる）に伴って生じたものである。

•

持続可能な開発をめぐって

地球環境問題を考えるうえでの最重要キーワードは，「**持続可能な開発**（sustainable development）」である。この言葉はすでに1980年の「世界保全戦略」のなかでも用いられていたが，1987年に「環境と開発に関する世界委員会」（委員長の名前から「ブルントラント委員会」と呼ばれる）が出した報告書『われわれの共通の未来（*Our Common Future*）』のなかで提唱されたことで有名になった。報告書では，持続可能な開発は，「将来世代が，自らの要求を満たす能力を損なうことなく，現在世代の要求を満たす」ような開発とされている。

「持続可能な開発」という言葉は広く受け入れられたが，その理由は，開発そのものを否定せず，開発ができる条件を示したからだろう。いわば環境保全と開発の両立を図っているのである。しかし，先の定義からは，将来世代の要求と現在世代の要求のバランスをどうとるかという問題が生じる。これは後述する世代間倫理の問題へとつながっていく。また，何を持続可能にするのか，ということが曖昧である。持続可能性の中身によって，許される開発の中身も変わってくるだろう。この問題は，「弱い持続可能性」と「強い持続可能性」とを区別するという形で議論されている（紀平 2004：154-156，本書第14章も参照）。

ちなみに，「持続可能な開発」という訳語にも揺れがある。developmentは「発展」と訳される場合もあり，この場合は「開発」よりも広い意味となる。sustainableについては「維持可能」と訳すべきだという提案もある（宮本 2006）。とはいえ現状では「持続可能な開発」という訳語とそれによる議論が最も流通しているので，本書でもそれに従う。

・

近年の動向について

近年，地球環境に大きな影響を与える枠組みが次々に生まれている。

2015年に開かれた「気候変動枠組条約」の第21回締約国会議で「パリ協定」が採択された。これは京都議定書の失敗をふまえた，それに代わる新しい枠組みである（詳しくは本書第10章を参照）。

同じ年に国連総会で「持続可能な開発のための2030アジェンダ」が採択され，そのなかで「持続可能な開発目標（SDGs：Sustainable Development Goals）」が示された。そこには，2016年から2030年の15年間に達成すべき17の目標と，その細目にあたる169のターゲットが記されている。そこでは，貧困，食料，生存権，教育，ジェンダー，水，エネルギー，労働，インフラ整備，不平等，居住，気候変動，海の生態系，陸の生態系，平和と公正，パートナーシップという，自然環境の問題と人間社会の問題が包括的に扱われている。このような視座は，ひとつ前の目標である「ミレニアム開発目標（MDGs）」にも存在した。しかし，MDGsは貧困や飢餓への取り組みが不十分で格差の拡大を止められなかったとされ，そのためにSDGsは「誰一人取り残さない（No one will be left behind）」こ

表0-1　環境問題の歴史

1962年	カーソン『沈黙の春』刊行　→「環境問題」のテーマ化
1972年	国連人間環境会議（ストックホルム会議） 日本ではこの時期に「四大公害訴訟」
1986年	チェルノブイリ原発事故
1987年	ブルントラント委員会が「持続可能な開発」を提唱
1988年	ハンセン「99％証言」　→「地球環境問題」のテーマ化
1992年	国連環境開発会議（地球サミット，リオサミット） 気候変動枠組条約，生物多様性条約など採択
1997年	気候変動問題に関する「京都議定書」採択
2011年	東日本大震災，福島第一原発事故
2015年	気候変動問題に関する「パリ協定」採択 SDGs（持続可能な開発目標）の登場
2018年	プラスチックごみに関する「海洋プラスチック憲章」採択

とを基本理念にしている（村上・渡辺 2019）。

また，以前から知られていた海洋のプラスチックごみの問題が，ようやく国際社会の課題として取り組まれ始めた。2016年のダボス会議（世界経済フォーラム年次総会）での「2050年までに海洋中に存在するプラスチックの量は，重量ベースで魚の量を超える」という報告が大きなきっかけとなり，2018年のG7シャルルボワ・サミットでは「海洋プラスチック憲章」が採択され，各国でプラスチックの生産や使用が規制される流れができつつある（枝廣 2019）。

2｜アメリカの環境倫理学の歴史

環境倫理学は1970年代にアメリカで誕生し，1990年代に日本に導入された。これまでに見たように，1970年前後には「環境問題」がテーマ化され，1990年前後には地球温暖化に代表される「地球環境問題」が国際政治の議題となった。このように，環境倫理学の動きは環境問題の動きと結びついている。

重要なのは，アメリカでの環境倫理学の誕生から日本への導入まで20年のタイムラグがあったことである。また，日本では環境問題といえば環境汚染がイメージされるが，アメリカでは汚染よりも自然破壊に対する問題意識が強かった。これらのことは両者の議論を大きく隔てることになった。

••

アメリカの初期の環境倫理の背景

1970年代のアメリカでは若者を中心に「対抗文化（カウンターカルチャー）」の運動が巻き起こり，それまでの西洋近代科学技術を軸とするメインカルチャーに対して根本的な異議が申し立てられていた。人類を月に送るほどの偉業を成し遂げた西洋近代科学技術は，残酷な化学兵器や公害といった悪をもたらした。また経済的・物質的な繁栄は資源の枯渇や自然破壊をもたらした。このような認識が広まり，環境を守る運動は文明批判や科学批判を伴っていた。そうしたなかで，環境を守るための革新的な規範としての環境倫理が求められたのである。それは，将来世代に対して責任を果たすことを訴えるとか（ヨナス 2000，パスモア 1979），無制限の開拓を是認する「カウボーイの倫理」を退けて，資源や空間の有限性を表す「宇宙船地球号」のモデルに基づく「宇宙船倫理」を唱える（シュレーダー＝フレチェット 1993a，1993b）という形にもなったが，多くの場合，自然に対する「人間中心主義」の見方を退け，「非－人間中心主義」の見方を採用すべきという形をとった。以下に見るように，このことはアメリカの環境倫理学の主流派の関心が自然破壊にあったことを示している。

後でもふれるが，アメリカには歴史的に強固な自然保護思想が存在してきた。エマーソン，ソロー，ミューアのロマン主義的な自然保護思想は，思想的にはノルウェーの哲学者アルネ・ネスが提唱した，自然のなかに自己を見ることによって自己実現を図ることなどを主張した「ディープ・エコロジー」の受け皿となり，政治的には強力な自然保護団体を生み出して，政府に自然保護政策を推進させた。彼らは原生自然（wilderness：人のいない自然）を人の手から守ることを訴える保存（preservation）の思想をもっていた。他方で，ピンショーやレオポルドのように，科学的な生態学による自然の管理（人の手による管理）を重視する人々もいて，その流れは保全（conservation）の思想を形成して，現在の保全生態学（conservation ecology）へとつながっていく。この2つの流れは，ヘッチ・ヘッチー渓谷のダム建設問題においては対立することとなったのだが（ミューアは建設反対，ピンショーは賛成），このようにアメリカでは20世紀中盤までにさまざまな自然保護思想が形成されていた（鬼頭 1996，ナッシュ 2011）。

・・

自然の価値論から環境プラグマティズムへ

そのような背景のもとで，1970年代にスタートしたアメリカの環境倫理学では，自然の価値をめぐる問題に議論が集まった。ライトとカッツによれば，そこでは主に4つの論争があったという（以下，ライト/カッツ 2019をもとに説明を加えた）。

① 現代の環境危機の原因は，従来のキリスト教倫理が人間を中心としたものであったこと（人間中心主義：anthropocentrism）にあるので，人間以外の生き物や生態系全体を中心とする新しい倫理（非－人間中心主義：non-anthropocentrism）をつくりあげるべきだという主張が現れた。それに対して，従来のキリスト教倫理でも，「スチュワードシップ」（人間は神から人間以外の生き物や生態系を管理する責任を与えられているという考え）を適用することによって自然保護を正当化できるという反論がなされた（ホワイト 1999，パスモア 1979，ナッシュ 2011）。

② 「なぜ自然を守るのか」という問いに対して，人間の役に立つ（自然には道具的価値がある）からだと考えてきたことが自然破壊の元凶であるから，人間の利害関心を離れた価値が自然にはある（自然の内在的価値）と考えるべきだ，という主張が現れた。それに対して，内在的価値が自然にあるという主張は理論的に問題があり，実践的にも有意義ではないという批判がなされた（ウエストン 2019，浜野 1994）。

③ 人間の利害関心を超えて配慮するべき対象として，「個々の生き物」を考える人々が，「動物の解放」（シンガー 1993）や「動物の権利」（レーガン 1995）を訴えた（個体主義）。それに対して，配慮の対象は生態系全体なのだとして，レオポルドの「土地倫理」を環境倫理学の中軸に据えるキャリコットの議論が登場した（本書第4章を参照）。個体主義の立場からすると，全体論の立場は生態系保全を理由に個々の生き物の命をないがしろにする「環境ファシズム」のように見える（須藤 2000）。現在ではシンガーやレーガンの個体主義は「アニマル・エシックス」と呼ばれ，環境倫理学から離れて独自の発展を遂げている（本書第5章を参照）。

④ 「自然の権利訴訟」に取り組んだ法律家クリストファー・ストーンは，環

境倫理学が扱う対象は多様であり，それをひとつの原理で解決しようという態度（道徳的一元論）には無理があるとして，環境倫理学において複数の理論や原理の提示を積極的に認めるべき（道徳的多元論）と主張したのに対し，キャリコットは，「統一された道徳的世界観」をもたない限り，複数の理論が矛盾した指令を出したときに，多元論者はどれを選べばよいのかの判断ができなくなる，という批判を行った（菊地 1995：328-335）。

ライトとカッツによれば，これらの論争の結果，「全体論」「非－人間中心主義」「内在的価値」「道徳的一元論」をとることが環境倫理学の主流となったというが，これはレオポルドの「土地倫理」を環境倫理学の古典と見なしたキャリコットの立場といってよい（たとえばキャリコット 2007を参照）。

それに対して，1990年代に入ると，このような議論に専念するあまり，ほかの環境関連分野（環境社会学など）と没交渉だったことや，現実の環境政策に対して有効な応答をなしえてこなかったことについて，環境倫理学内部から批判が起こった。そのような人々は自らの立場を「**環境プラグマティズム**」と呼び，学際的連携や現場への応答を重視するとともに，環境政策に影響を与えうる議論を行うことを訴えた（ライト/カッツ 2019）。彼らは，環境問題に取り組むよう市民を動機づけるためには，ノートンのいう「弱い人間中心主義」（長期的な人間の利益や精神的・美的な価値を求めて自然環境を賢明に利用するという考え方）に立ち，環境を守ることは「将来世代の人間に対する責任」を果たすことだと訴えるべきだと主張した（吉永 2014：16-24）。

近年のアメリカの環境倫理学では「環境プラグマティズム」の主張が多かれ少なかれ受容されるとともに，従来型の「自然保護」の訴えを超えて，高度に人の手が加わった環境を対象にして，さまざまな議論が行われている（Gardiner & Thompson（eds.）2016に収録されている諸論文を参照）。

また，従来の環境倫理学の担い手が「裕福な白人男性」に限られており，貧しい人たち，マイノリティ，女性の視点が欠けていたことや，自然破壊以外の環境問題（廃棄物，汚染，都市問題など）の重大性が見過ごされてきたことが批判され，マイノリティを中心に「環境正義」を求める運動がさかんになっている（本書第8章を参照）。

3│日本の環境倫理学の歴史

…

グローバルな環境倫理

1990年代に「環境プラグマティズム」が登場したひとつの背景には，当時，「地球環境問題」が登場したことと，冷戦が終わり，軍拡競争に代わって地球環境の維持が国際政治の議題になったことがある（米本 1994）。環境保護の訴えが科学批判・文明批判に結びついていた時代とは異なり，地球温暖化やオゾン層の破壊など，地球規模の複雑な環境問題を扱うために科学的なデータに基づく議論が必要になってきた。そこで環境問題に取り組むための学問分野や，大学の学部学科が急増した。このようななかで，環境倫理学は日本に導入された。そのため日本の環境倫理学は「地球環境問題への倫理学的応答」という性格を伴って出発した。

日本に環境倫理学を導入した代表的人物は加藤尚武である。加藤はアメリカの環境倫理学には3つの基本主張があると述べて，それを次のように紹介した。①自然の生存権（法的権利の主体を自然物にまで拡張せよ），②世代間倫理（将来世代への責任という観点を，現在の政治的意思決定に組み込め），③地球全体主義（地球の有限性を自覚して経済活動を制御せよ）（加藤 1991，2005）。このまとめ方には，加藤のオリジナリティが多分に加えられている。先ほど見たように，アメリカの環境倫理学にも②世代間倫理と③地球全体主義の論点は存在したが，主流の議論は①自然の生存権に関するものであった。それに対して加藤は，地球の有限性を自覚して将来世代に対する責任を果たすことを強調した（加藤 1993：131）。つまり加藤の主要な関心は②と③にあったといえる。

ともあれ，今や加藤がまとめた環境倫理学の3つの基本主張は高校の倫理の教科書にも載っており，日本では環境倫理学というと，この加藤の枠組みが提示されることが多い。加藤は多数の論文のなかで多岐にわたる議論を行っているが，全体としては地球環境問題の解決を目指す「グローバルな環境倫理」を説いているといえる。本書では，世代間倫理について論じた第7章と，気候問題における正義を考察した第10章が，加藤の問題意識の延長上にある。

・・・

ローカルな環境倫理

日本にはもうひとつの環境倫理学の流れがある。鬼頭秀一は，加藤が相対的に小さく見積もった自然の問題をあらためて提起した。それはアメリカの議論の焼き直しではなく，むしろそれを根本的に批判するものであった。鬼頭によれば，日本を含む世界各地の自然の問題を論じる場合に，アメリカの環境倫理学の議論をそのまま適用することは害が大きいという。というのも，先に見たように，アメリカの環境倫理学には「原生自然の賛美」という特定の自然観が前提とされており，そこでは「人間」と「人間のいない自然」が二項対立的に捉えられているからである。それを普遍的なものとして適用することは，アメリカ以外の多様な自然観やそれに基づく自然との関わり方を軽視することにつながり，実際に衝突を引き起こすことにもなる。そして鬼頭は，むしろそれぞれの地域に根ざした「ローカルな環境倫理」を構築することが重要であると主張する。そのためには哲学・倫理学よりも，むしろ文化人類学や民俗学などの分野で行われているフィールド研究に基づく知見をもとにした環境倫理学が必要だとして，それを「学際的な環境倫理学」と呼んでいる（鬼頭 1996）。

この枠組みは加藤の枠組みとは別個に，アメリカの環境倫理学を乗り越える形で登場したものである。現在，地域に焦点を当てた環境問題研究者の間では，鬼頭の考え方は広く受け入れられている（鬼頭・福永編 2009を参照）。また哲学者のなかにも，地域に焦点を当てた環境倫理を独自に構想している人たちがいる。丸山徳次は「里山」や「公害」から環境倫理学を再起動することを（丸山 2004, 2007），桑子敏雄は「空間」や「風景」に着目した環境哲学を（桑子 2005），亀山純生は「風土」を軸とした環境倫理を（亀山 2005），それぞれ提案している。このように「ローカルな環境倫理」は日本の環境倫理学の一大潮流をなしている。本書の第11章から第14章では，風土，食と農，都市，観光というテーマを扱っているが，それらはローカルな環境倫理の議論をさらに展開させたものといえる。

・・・

環境倫理学は３つある

ここまでの話をまとめておこう。アメリカで1970年代に始まった環境倫理学は，理論的かつ革新的な性格をもつものとなった。主流派は「自然の価値」を論じ，典型的には「人間中心主義から非－人間中心主義への移行」を訴えた。

それに対して，1990年代に登場した「環境プラグマティズム」は，理論構築よりも，具体的な政策や実践に目を向け，他の環境研究分野と連携することを訴えた。そして1990年代に始まった日本の環境倫理学は，まさにそのような議論を行っていった。そこには加藤尚武のグローバルな議論と，鬼頭秀一らによるローカルな議論があった。

以上から，環境倫理学といっても，少なくとも3つの流れ（アメリカ，加藤，鬼頭）があることが分かるだろう。これらを順番に説明するというやり方もあるが（吉永 2014），本書では，環境問題の歴史と環境倫理学の3つの流れをふまえつつ，「倫理学と環境問題」「自然」「社会」「地域」という4つのテーマについて，重要なトピックを取り上げることにした。環境倫理学の前提として倫理学の主要な学説を知り，そのうえでまずは自然に関する問題について学び，次に環境問題の社会的な側面を学び，最後に地域における問題に焦点を絞ることによって，問題を自分のこととして捉えることができるよう構成した。

4｜本書の構成

その順番に従って，本書の内容をざっと眺めてみよう。

第Ⅰ部では，倫理学の主要な学説を紹介し，それらが環境問題にどのように関わるのかを解説する。第1章では功利主義，第2章では義務論，第3章では徳倫理学を取り上げる。学説によって「倫理」の理解が異なることが分かるだろう。

第Ⅱ部では，環境倫理学の基本である，人間と自然との関わりについての議論を紹介する。第4章では，アメリカの環境倫理学の古典と目される「土地倫理」の内容を紹介し，その成立の背景を説明する。第5章では，日本における「自然の権利訴訟」を紹介する。自然の権利は，環境倫理学を他の分野から区別する特徴的な概念である。それが訴訟の場面でどのように用いられているか，が詳しく説明される。第6章では，自然保護の分野でキーワードとなっている「生物多様性」に関する国際的な動向について解説する。生き物の保護が南北問題につながっていることが分かるだろう。

第Ⅲ部では，人間と自然との関係だけでなく，人間同士の関係に焦点を当てていく。そこでは社会のあり方が問題になる。第7章のテーマは「世代間倫理」である。ここでは，現在世代と将来世代の間の公平・不公平が問題となる。他方で第8章では，同じ世代（同時代）の公平・不公平を問うていく。これは「環境正義」と呼ばれ，環境に関する人種間・地域間の不平等や差別に光が当てられる。第9章では「リスク」と「予防原則」がテーマである。現代は「リスク社会」であるという認識のもとに，リスクへの対応や責任の所在などが議論される。第10章のテーマは「気候正義」である。ここでは気候変動問題に関する公平・不公平が論じられる。

このように，倫理学説，自然環境，社会環境について論じ，第10章ではグローバルかつ最新の環境問題にまで話が進んだわけだが，第Ⅳ部では一転してローカルな環境に立ち戻る。一人ひとりが自分事として環境問題を考え，具体的な解決策を提示できるという実感をもつためには，身近な環境に注目することが必要と考えるからだ。第11章では和辻とベルクの「風土論」が紹介され，風土性を尊重した地域開発のあり方が示される。続けて第12章では「食」と「農」に焦点を合わせて環境を考える「食農倫理学」の議論が紹介される。第13章では「都市環境」を取り上げる。現在多くの人々にとって身近な環境は「都市」であるからだ。第14章のテーマは「観光」である。地域に目を向けることは，閉じた共同体を対象にすることではない。ましてや現在の地域問題の多くは人の移動に関わっている。ここでは地域への人の出入りによる環境への影響を，「エコツーリズム」と「持続可能な観光」をキーワードに考えていく。

各章末にはケーススタディを配置した。これを読めば，本文で説明された理論や考え方が，現実の問題と結びついていることが分かるだろう。またアクティブラーニングの課題に取り組むことで，各章のテーマを自分の頭であらためて考えてほしいと思う。

参考文献

ウエストン，A　2019「内在的価値を超えて――環境倫理学におけるプラグマティズム」白水士郎訳，A・ライト／W・カッツ編『哲学は環境問題に使えるのか――環境プラ

グマティズムの挑戦』岡本裕一朗・田中朋弘監訳，慶應義塾大学出版会，351-380頁

枝廣淳子　2019『プラスチック汚染とは何か』岩波ブックレット

加藤尚武　1991『環境倫理学のすすめ』丸善ライブラリー

――　1993『21世紀のエチカ――応用倫理学のすすめ』未來社

――　2005「環境問題を倫理学で解決できるだろうか」加藤尚武編『新版 環境と倫理――自然と人間の共生を求めて』有斐閣アルマ，1-16頁

亀山純生　2005『環境倫理と風土――日本的自然観の現在化の視座』大月書店

菊地惠善　1995「環境倫理学における〈全体論〉をめぐる論争について」『生命・環境・科学技術倫理研究資料集Ⅱ』千葉大学普遍科目「科学技術の発達と現代社会Ⅱ」企画運営委員会，321-338頁

鬼頭秀一　1996『自然保護を問いなおす――環境倫理とネットワーク』ちくま新書

鬼頭秀一・福永真弓編　2009『環境倫理学』東京大学出版会

紀平知樹　2004「持続可能な開発としてのエコツーリズム」田中朋弘・柘植尚則編『ビジネス倫理学――哲学的アプローチ』ナカニシヤ出版，145-172頁

キャリコット，J・B　2007「環境倫理 1 概観」スティーブン・ポスト編『生命倫理百科事典』生命倫理百科事典翻訳刊行委員会訳，丸善，684-697頁

桑子敏雄　2005『風景のなかの環境哲学』東京大学出版会

シュレーダー＝フレチェット，K・S　1993a「『フロンティア（カウボーイ）倫理』と『救命艇の倫理』」シュレーダー＝フレチェット編『環境の倫理』上巻，京都生命倫理研究会訳，晃洋書房，54-80頁

――　1993b「宇宙船倫理」シュレーダー＝フレチェット編，前掲書，81-100頁

シンガー，P　1993「動物の解放」シュレーダー＝フレチェット編，前掲書，187-207頁

須藤自由児　2000「自然保護・エコファシズム・社会進化論――キャリコットの環境倫理思想の検討」川本隆史・高橋久一郎編『応用倫理学の転換――二正面作戦のためのガイドライン』ナカニシヤ出版，105-137頁

寺西俊一　2000「アメニティ保全と経済思想――若干の覚え書き」環境経済・政策学会編『アメニティと歴史・自然遺産』東洋経済新報社，60-75頁

ナッシュ，R・F　2011『自然の権利――環境倫理の文明史』松野弘訳，ミネルヴァ書房

パスモア，J　1979『自然に対する人間の責任』間瀬啓允訳，岩波現代選書

浜野研三　1994「内在的価値批判――内在的価値の内在的問題」加茂直樹・谷本光男編『環境思想を学ぶ人のために』世界思想社，217-232頁

ベック，U　1998『危険社会――新しい近代への道』東廉・伊藤美登里訳，法政大学出版局

ホワイト，L　1999『機械と神――生態学的危機の歴史的根源』青木靖三訳，みすず書房
政野淳子　2013『四大公害病――水俣病，新潟水俣病，イタイイタイ病，四日市公害』中公新書
丸山徳次　2004「講義の7日間――水俣病の哲学に向けて」丸山徳次編『岩波応用倫理学講義 2 環境』岩波書店，1-72頁
――　2007「里山の環境倫理――環境倫理学の新展開」丸山徳次・宮浦富保編『里山学のすすめ――〈文化としての自然〉再生にむけて』昭和堂，88-113頁
水谷雅彦　2005「講義の7日間――情報化社会の虚と実」水谷雅彦編『岩波応用倫理学講義 3 情報』岩波書店，1-62頁
宮本憲一　2006『維持可能な社会に向かって――公害は終わっていない』岩波書店
村上芽・渡辺珠子　2019『SDGs入門』日経文庫
矢部宏治　2014『日本はなぜ「基地」と「原発」を止められないのか』集英社インターナショナル
吉永明弘　2014『都市の環境倫理――持続可能性，都市における自然，アメニティ』勁草書房
ヨナス，H　2000『責任という原理――科学技術文明のための倫理学の試み』加藤尚武監訳，東信堂
米本昌平　1994『地球環境問題とは何か』岩波新書
ライト，A／W・カッツ　2019「紛争地としての環境プラグマティズムと環境倫理学」田中朋弘訳，ライト／カッツ編，前掲書，1-21頁
レーガン，T　1995「動物の権利擁護論」小原秀雄監修『環境思想の系譜3 環境思想の多様な展開』青木玲訳，東海大学出版会，21-44頁
Gardiner, S. M. & A. Thompson (eds.) 2016. *The Oxford Handbook of Environmental Ethics*. Oxford University Press

第I部

倫理思想と環境問題

第1章

功利主義と環境問題

「最大多数の最大幸福」をめぐって

吉永明弘

本章では，環境倫理学だけでなく倫理学一般を学習する際に必ず名前が挙がる「功利主義」について学ぶ。功利主義はその名前のためにいろいろな誤解を生んでいる学説でもある。それを利己主義（エゴイズム）と同一視している人もいるかもしれない。実は功利主義は利己主義を厳しく批判する立場である。本章では功利主義の特徴（帰結主義，幸福主義，総和最大化）を紹介するとともに，そこから派生するJ・S・ミルの自由主義について解説し，それらが現代人の倫理や応用倫理学の基盤となっていることを示す。特に環境倫理学との関連では，自由主義が地球の有限性という条件と衝突するという観点に注目する。他方で功利主義は，ローカルな環境紛争の場面に表れる，全体の幸福のために一部の人々を犠牲にするという発想を正当化しがちである。このように功利主義には問題も多いが，環境問題の解決にあたって捨て去ることのできない考え方である。

KEYWORDS #功利主義 #帰結主義 #自由主義 #自己決定権 #他者危害 #NIMBY

1｜功利主義とは何か

・

動機主義と帰結主義

功利主義の話をする前に，まずは倫理学がどのようなことを問題にしているのか，その一端を紹介する。

架空の話をしよう。A氏が体調を崩したときに，知人が健康食品を送ってくれた。A氏は知人に感謝したが，体調が戻っても健康食品のカタログが送られ続けた。その後A氏は，その健康食品の開発に知人が関与していたことを知る。知人は自分の健康を気遣ってくれたのではなく，自分が開発した商品の宣伝を第一に考えていたのだとA氏は気づいて落胆する。知人の行為の主な動機は，支援ではなく自己利益にあったのである。結果としては，A氏はこの時点では何の損もしていない（むしろ健康食品をただで手に入れることができたので得をしている）。にもかかわらず，知人に対してはよい感情を抱かないだろう。この場合，知人の行為は，支援という動機ならば感謝をもたらす善い行為になり，自己利益に基づく行為ならば嫌悪をもたらす悪い行為になる。このように，行為の善悪を動機に求める立場を「動機主義」という。

違う例を挙げる。空き缶のリサイクルを促進するための方策として，空き缶を回収ボックスに返すと代金の一部が戻ってくる制度がある。そのために代金は通常より割増しになっている。これは一般に「デポジット」（預り金）と呼ばれる仕組みである。このときに，空き缶を回収箱に入れる動機はさまざまである。資源を有効活用したい，ごみを減らしたい，まちをきれいにしたい，という「環境に優しい」動機から，単純にお金がほしいという自己利益に基づく動機まで，さまざまである。このときに，自己利益に基づくのは邪道であり，環境をよくしたいという動機が大事なのだ，と主張するならば，その人は動機主義者ということになる。その人の目にはデポジット制度は不純なもののように映るだろう。しかし，結果的に環境がよくなることが最優先事項であり，そのためにはどんな動機であっても空き缶を回収させることが大事なのだと考えるならば，デポジット制度は優れた制度として評価されるだろう。このような考え方を「**帰結主義**」という。つまり善悪の評価のしかたとして，動機を重視するか，結果を重視するかの違いがあるということだ。動機を重視する立場は，第2章で紹介する「義務論」の立場である。それに対し，本章で紹介する「**功利主義**（utilitarianism）」は，典型的な帰結主義の理論である。

•

よい結果のためなら約束も破る

功利主義の入門書では，功利主義の帰結主義的な性格を説明するために，次の例がよく挙げられる。

> 「無人島で交わされた友人との約束：わたしと友人が遭難して無人島にたどり着いた。友人は，わたしに自分の全財産を競馬クラブに寄付してほしいと言い残して死んでしまった。わたしはそうすると約束した。その後わたしは運良く助けられた。だが，友人との約束を守って競馬クラブに寄付するよりも，病院に寄付した方がより多くの善が生み出されるのではないかと考え，どうすべきか悩んでいる」（児玉 2012：63から引用，オリジナルは功利主義者J・J・C・スマートによる）。

この場合，功利主義の立場からは，友人との約束を破って病院に寄付することが選択されることになる。その方が結果的に全体の利益が大きくなるからだ。

•

功利主義の3つの特徴

帰結主義の立場からすると，結果的によいことが実現されるかどうかが重要なのであって，動機は何でもよいことになる。また功利主義者は，結果としてよりよいものが実現されると判断した場合には，「友人との約束を守る」といった道徳規範を破ることもいとわない。これらは一般の「倫理」のイメージからは外れているように思える。また「功利主義」という言葉には打算的なイメージがつきまとっている。ここで，功利主義の特徴をはっきりさせておこう。

功利主義は19世紀のイギリスで誕生した。それは倫理学にとどまらず人文社会科学一般に大きな業績を残した2人の人物，ジェレミー・ベンサムとJ・S・ミルによって形づくられた。彼らの主要な議論は『世界の名著　ベンサム，J. S. ミル』（関責任編集 1967）に収録されている。

児玉聡によれば，功利主義の特徴は①帰結主義，②幸福主義，③総和最大化，の3点にまとめられる（児玉 2012：54-57)。①帰結主義についてはこれまで見てきたとおりである。②幸福主義というのは，功利主義者が重視する帰結は「幸福」のみであるということである。J・S・ミルは功利主義に基づく**自由主義**（liberalism）を主張したことで有名だが，彼が自由を尊重するのは，「個人の自由を保障した方が，長期的に見て社会全体が幸福になる」という理由からである（児玉 2012：101)。最後に，③総和最大化とは，功利主義者が「最大多数の最大幸福」を目標にしていることを指す。幸福の中身は論者によって異なるが，ベンサムは「快楽説」をとっており，できるだけ多くの人の快楽を最大化し，苦痛を最小化することが具体的な目標となる。ともあれ，「功利主義では，一個人の幸福を最大化することを考えるのではなく，人々の幸福を総和，つまり足し算して，それが最大になるように努める必要がある」（児玉 2012：56)。

つまり功利主義は利己主義ではない。またその際には「各人を一人として数え，誰も一人以上に数えない」という原則が働く。その点で功利主義は平等主義でもある。以上のまとめに，功利主義は社会の倫理であることを付け加えておきたい。功利主義者の目標は社会の改革にある。つまり彼らは，できるだけ多くの人々ができるだけたくさんの幸福を得られる社会を目指している。

・

現代倫理の基軸としての功利主義

功利主義は現代の倫理学にとって最も重要な学説とされている。加藤尚武は，現代倫理学の入門書のなかで，現代の社会倫理は①世俗性，②市場経済，③多数決原理を背景とした「功利主義的，自由主義的，民主主義的性格」をもつと述べている（加藤 1997：4)。先にもふれたように，ミルは功利主義に基づく自由主義を唱えている。また幸福の総和の際の「各人を一人として数え，誰も一人以上に数えない」という条件は平等主義的であり，その点で民主主義に親和的な理論となっている。以上から加藤は功利主義を現代の社会倫理の基軸として位置づける。ただし，加藤は功利主義が現代の倫理問題をすべて解決できるとは考えておらず，自ら功利主義の欠陥を多く指摘している。とはいえ「欠点だらけの功利主義的自由主義にしか倫理学に未来はない」というのが加藤の基本的なスタンスである（加藤 1997：3-9)。

・

応用倫理学の基礎としての功利主義

現代の倫理学は，①規範倫理学，②メタ倫理学，③応用倫理学に大別される。序章で述べたように，環境倫理学は，生命倫理学（医療倫理学）や情報倫理学と並ぶ代表的な応用倫理学である。

現代の最も著名な応用倫理学者ピーター・シンガーは，功利主義の立場からさまざまな問題提起を行っている。彼はベンサムの「快楽説」に基づいて幸福の中身を快楽の最大化・苦痛の最小化と捉え，倫理の基準を「苦痛を感じる能力」に置き，苦痛を感じる能力のある動物の利益は人間と同様に考慮されるべきであるとして，動物実験と工場畜産への反対を表明した（シンガー 1993）。同時に彼は「苦痛を感じる能力」という基準を生命倫理学の問題にも適用し，そこで苦痛を感じる能力のない人や重度の障害新生児の生存権を否定する見解を示したことによって，厳しい批判にさらされた（シンガー 1999）。とはいえ，シンガーは人間の幸福をないがしろにしているわけではない。貧困や格差の問題について，彼は功利主義の観点から先進国の市民に途上国に対する「寄付」を義務づけるような議論を展開している（馬渕 2015）。このように功利主義は，現代のさまざまな問題に応用可能な理論なのである。

2｜功利主義的自由主義と環境倫理学

・・

自由主義の原則

環境倫理学にとって重要なのは，J・S・ミルの功利主義に基づく自由主義である。加藤尚武はミルの自由主義の要点を次のようにまとめている。

> 「①判断力のある大人なら，②自分の生命，身体，財産にかんして，③他人に危害を及ぼさない限り，④たとえその決定が当人にとって不利益なことでも，⑤自己決定の権限をもつ」（加藤 1997：167）。

特に重要なのは③と⑤で，ミル自身は，「自由の名に値する唯一の自由は，われわれが他人の幸福を奪い取ろうとせず，また幸福を得ようとする他人の努力を阻害しようとしないかぎり，われわれは自分自身の幸福を自分自身の方法において追求する自由である」と述べている（ミル 1971：30）。

ここに，①判断能力のある大人という条件がつく。つまり「子ども」と「判断能力のない大人」はここから除外され，親や管理者の保護下に置かれ，彼らがその利益を温情をもって代弁することになる。これを「パターナリズム」という（あえて訳せば「父権的温情主義」になるが，通常カタカナでパターナリズムと表記される）。④は愚行権とも呼ばれるが，これは⑤**自己決定権**の強調と考えてよいだろう。

要点をいえば，“他人に危害を加えない限り自分のことは自分で決めてよい”ということになる。ただし，ミル自身の意図は，「社会が個人に対して正当に行使し得る権力の本質と諸限界」（ミル 1971：9）を見定めることにあり，その結論は「彼の意志に反して権力を行使しても正当とされるための唯一の目的は，他の成員に及ぶ害の防止である」（ミル 1971：24）というものである。そこから，先ほど示した要点は，“他人に危害を加えた場合にのみ国家や社会が介入し，自分のことを自分で決める自由を剥奪される”といいかえることができる。

加藤によればこれは現代の社会倫理の基軸をなすものであり，『応用倫理学のすすめ』（加藤 1994）ではこの自由主義の原則に照らしてさまざまな倫理問題を読み解いている。ただし加藤はこの原則の5つの要素すべてに難点があることを指摘しており，前述のように自由主義は欠点だらけだが，それを使いこなすしかないという立場に立っている。ただし環境倫理学においてはトーンが厳しくなる。加藤は，空間の有限性を前提とする環境倫理学においては，すべての行為が③の**他者危害**（harm-to-others）の可能性をもってしまう，と述べて，環境倫理学が自由主義を掘り崩すという論点を追究している。

••

自由主義 vs 地球全体主義

序章で述べたように，加藤は環境倫理学の主張を①自然の生存権，②世代間倫理，③地球全体主義と定式化した。このうち③地球全体主義のポイントは，のちに「地球有限主義」や「地球の有限性」と改称されることからも分かるように，地球の資源や空間の有限性を強調する点にある。

繰り返し述べているように，現代の自由主義の中核には他者危害の原理があり，それは「他人への危害を生み出さない限り，個人の行動に法的な干渉をしてはならない」（加藤 1991：44）というものである。しかし加藤によれば，これは実は「無限の空間」が前提とされている。人口の少ない時代においては，資源や空間が事実上無限にあると考えることが可能で，他人に危害を加えずに資源や空間を享受することができた。しかし現在では資源や空間の有限性が明らかになったため，原理的には何をしても他人に危害を加えることになる（たとえば誰かが自由に缶詰を食べたらその分誰かが飢え死にする）。そのような時代においては，「無限の空間のなかで自由に資源を消費し，自由に廃棄する」（加藤 1991：44）という意味での自由は制限されざるをえないことになる。この点から加藤は，環境倫理学が現代の自由主義と衝突することを指摘する。

では環境倫理学は，環境問題を解決するために自由主義を破棄し，権威主義や統制経済，管理社会を要請するのだろうか。加藤はこのような道を選ばず，地球の有限性をふまえて資源管理をしつつも個々人の自由が保たれる道を探る。それは加藤自身の言い方では「個人に自由を国家に制限を」という形になる。つまり，個人の自由を担保したまま，問題を国家間の資源分配に集約するのである（加藤 1991：48）。加藤によれば，地球環境問題を論じる際には，地球上の有限の資源や食料の公正な分配や，さらには人口増加率や廃棄物排出量を国家間でどのように分配すれば公正といえるのか，を考えることが必要となる。

実際，加藤の主張の通りのことが国際政治のなかで行われてきた。気候変動枠組条約に関する京都議定書の内容（2008年から2012年までの間に，CO_2排出量を，1990年のレベルから，日本は6%，米国は7%，EUは8%削減することを義務づけた）は，加藤の主張を具現化したものになっている。残念ながら京都議定書はうまく機能せず，現在はパリ協定のもとでCO_2削減の努力が続けられている。

さて，以上の加藤の議論は，現代の社会倫理の基礎をつくっている自由主義の限界を示したうえで，環境倫理学が全体主義に陥る危険を回避するよう気を配りつつ，地球環境問題の解決に向けての方策を提案したものといえるが，読者のなかには，はたしてこれは「環境倫理学」なのだろうか，という疑問をもった人もいるかもしれない。これは倫理学ではなく政治経済学の話ではないかと。

ここで加藤の環境倫理学の定義を確認したい。加藤によれば，環境倫理学は「個人の心がけの改善」を目指すものではない。それは「システム論の領域に属するもので，環境問題を解決するための法律や制度などすべての取り決めの基礎的前提を明らかにする」（加藤 1993：131）ものなのだ。いいかえれば，環境倫理学とは，環境問題を解決するための法律や制度の背後にある規範を問題にしているといえよう。ここで問われているのは個人の倫理ではなく，社会の倫理である。また加藤が念頭に置いている環境問題は「地球環境問題」である。そこから加藤の議論は，「グローバルな環境倫理」の構想として評価することができる。そしてここまで読んでくれば，加藤の環境倫理学のなかに功利主義の発想が色濃くみられることに気づくことだろう。

3｜功利主義 vs NIMBY

今や多くの人が功利主義者である

これまで，加藤の環境倫理学が功利主義・自由主義に立脚して展開されていること，また加藤が功利主義・自由主義を現代の倫理の基盤と位置づけていることを紹介してきた。このうち，ミルの自由主義が現代倫理の基盤であるという説明は，多くの人が納得できるものと思われる。しかし，功利主義が現代倫理の基盤であるという主張については，異論もあるかもしれない。生命倫理に関するシンガーの主張に怒りを覚える人も多いだろう。

実際，功利主義に対しては数多くの批判があり，なかでも『正義論』の著者ジョン・ロールズによる批判が有名である。川本隆史は，ロールズの功利主義批判を，①個人の複数性を無視している，②分配原理がない，③欲求充足の質を無視している，とまとめている。このうちの②分配原理がないという批判は，具体的には，功利主義が最大多数の最大幸福を達成するために一部の人々を犠牲にすることを容認してしまうことを指す。そこからロールズは功利主義を乗り越えるべく，「公正としての正義」を中心とする自らの正義論を構築することになる（詳しくは，川本 1995を参照）。

ではこれによって功利主義は乗り越えられたのかというと，そうでもない。現実には多くの人々が多かれ少なかれ功利主義的発想をもっている。それは施設の設置をめぐる地域紛争の際にNIMBY批判が噴出することからも分かる。

葬儀場や清掃工場などは，いわゆる迷惑施設として忌避されるが，どこかにはつくらなければならない。しかし自分の地域にはつくられたくない。どこか他の地域につくってほしい。英米圏ではそのような主張がNIMBYと呼ばれる。NIMBYとはNot in my backyardの頭文字をつなげた言葉であり，「自分の裏庭だけはやめてくれ（他の人の裏庭につくってくれ）」と要求することを指す。日本語では「地域エゴ」という言葉が最も近い。批判者たちは，そういう住民は全体の利益のことを考えていない利己主義者（エゴイスト）だという。この地域に葬儀場や清掃工場をつくることによって，みんなの利益になるのに，それに反対する住民たちは自分たちの利益のことしか考えていない，と批判する。

この批判の背後には功利主義の発想がある。先にも見たように，功利主義は利己主義ではない。むしろ利己主義者に対しては，最大多数の最大幸福を求める観点から批判する立場である。自動車道路の建設のために立ち退きを迫られていた住民が立ち退かず，道路が開通されないという場面を見て，「この人のわがままによって道路が通らないのはおかしい」と感じた人がいたとしたら，その人は功利主義者といえる。NIMBY批判の噴出は功利主義的発想の強大さを示している。今や多くの人が功利主義者であり，功利主義は確かに現代倫理の基盤となっている。

• • •

NIMBYのどこが悪いのか

功利主義の立場をとるかぎり，NIMBYは悪いことになる。それに対して，NIMBYとされる側を擁護することは可能なのか。興味深いことに，近年の環境倫理学では，「NIMBYのどこが悪いのか」という問いが発せられ，「NIMBYは悪くない」という答が出されている（Feldman & Turner 2014，吉永 2015も参照）。

フェルドマンとターナーは，NIMBYを叫ぶ人々に対して倫理的な非難を向けることは妥当なのか，と問う。NIMBYを叫ぶ地域住民は，実のところ自分が住んでいる環境を守りたいと主張しているわけだが，そのような人たちを倫理的に非難してよいのだろうか。

フェルドマンとターナーによれば，NIMBYには①罪深き自分勝手である，②公共善に無関心である（すべての人のNIMBYの要求が尊重されたら，公共の利益になる施設はどこにも建設できなくなる），③環境不正義の源泉となる（少数の豊かな人々のみが，自らのNIMBYの要求を通すことができ，そのしわよせが貧しい人々のいる地域に来る）という批判があるが，それらはすべて反論できるという。

第一に，NIMBYは罪深き自分勝手ではないと彼らはいう。自己利益を優先させることは悪いことではない。たとえば，寄付をすることはよいことであり，誰か他の人が寄付をすることは望ましいと思っているが，自分自身は寄付をせずに素敵なテレビを買った，という人はよくいる。しかしその人は悪人として非難されはしないだろう。同様に，彼らによればNIMBYのなかに自己利益が含まれていたとしても，それによって非難される理由はないのである。

第二に，NIMBYと公共善を対立的に捉えるべきではないと彼らはいう。地域住民は自分たちの選好を表明しているのであって，政策立案者はよい政策をつくるための重要な情報としてそれらを尊重しなければならないのだ。

第三に，NIMBYは環境不正義の状況を固定化するわけではないと彼らはいう。批判者は，金持ちのNIMBYによって貧しい人々に負担が押し付けられる状況を想定しているが，逆に貧しい人々がNIMBYを叫ぶ場合もあるからだ。

このように見てくると，地域開発に対する抗議運動＝「地域エゴ」「NIMBY」＝悪徳と見なして，歯牙にもかけないという態度の方が，倫理的に問題があるように思えてくる。加えて批判者たちに不寛容さを見ることも容易であろう。

•••

ローカルな環境倫理

このように，近年の環境倫理学においては，ローカルな環境問題に注目し，さらにそれを功利主義以外の論拠に基づいて応答しようとする動きがある。日本では，鬼頭秀一が「ローカルな環境倫理」の必要性を訴えており，それは「環境正義」や「風土論」と親和的である（鬼頭 1996）。フェルドマンとターナーのNIMBY論も同じ流れに属するものとして評価できるだろう。

とはいえ，我々は多かれ少なかれ功利主義的発想のもとに生きているし，「最大多数の最大幸福」を帰結主義的に求める功利主義は，環境問題の解決を目指す環境倫理学にとって捨て去ることのできない理論といえる。しかし，功利主義にはさまざまな問題点があり，手放しで賛成することはできない。それゆえに，倫理学においては功利主義批判が絶えないのである。次章以降で紹介される義務論と徳倫理学も，功利主義の問題点をどのように乗り越えているか，という観点から評価することができる。

参考文献

加藤尚武　1991『環境倫理学のすすめ』丸善ライブラリー
――　1993『21世紀のエチカ――応用倫理学のすすめ』未來社
――　1994『応用倫理学のすすめ』丸善ライブラリー
――　1997『現代倫理学入門』講談社学術文庫
川本隆史　1995『現代倫理学の冒険――社会理論のネットワーキングへ』創文社
鬼頭秀一　1996『自然保護を問いなおす――環境倫理とネットワーク』ちくま新書
児玉聡　2012『功利主義入門――はじめての倫理学』ちくま新書
シンガー，P　1993「動物の解放」K・S・シュレーダー＝フレチェット編『環境の倫理』上巻，京都生命倫理研究会訳，晃洋書房，187-207頁
――　1999「ドイツで沈黙させられたことについて」塚崎智訳，シンガー『実践の倫理』新版，山内友三郎・塚崎智監訳，昭和堂，401-425頁
関嘉彦責任編集　1967『世界の名著　ベンサム，J. S. ミル』中央公論社
馬淵浩二　2015『貧困の倫理学』光文社新書
吉永明弘　2015「『NIMBYのどこが悪いのか』をめぐる議論の応酬」『公共研究』（千葉大学公共学会）11（1）：161-200
ミル，J・S　1971『自由論』塩尻公明・木村健康訳，岩波文庫
Feldman, S. & D. Turner 2014. Why Not NIMBY? *Ethics, Place and Environment* 13(1): 251-266

Case Study ケーススタディ1

騒音問題
子どもの声と新幹線

子どもの声が騒音に

本文中では葬儀場と清掃工場を例に挙げたが，近年，「NIMBY」として批判された例として，南青山の児童相談所建設に対する住民の反対運動がある。特に2018年の説明会で反対住民が「南青山のブランドイメージを損なう」と主張したことで大きな話題となった。児童相談所という公共性の高い施設に対して，ブランドイメージを守りたいというのはいかにも住民のエゴという印象を受ける。

少し前の2016年には，市川市で住民の反対のために保育園の建設が断念されたというニュースがあった。このときは子どもの声が騒音になるという主張が物議をかもした。保育園の建設は「待機児童問題の解消」につながる。それは多くの親子の幸福を増進するだろう。功利主義の観点からは「待機児童問題の解消」はまっとうな政策目標であり，そのために保育所をつくるのは推奨されるべきことだ。それに対して，騒音になるから反対するというのは，いかにも身勝手な意見のように思える。

また，子どもの声を「騒音」と見なすこと自体に違和感を覚える人も多いだろう。2007年には次のような出来事があった。

> 公園の噴水遊びは「騒音」 訴え認める 東京地裁支部（朝日新聞）
> 2007年10月5日（金）12:27
> 東京都西東京市緑町3丁目の「西東京いこいの森公園」にある噴水で遊ぶ子どもの声やスケートボードの音がうるさいとして，近くに住む女性が市に対して噴水の使用とスケートボードで遊ばせることをやめるよう求める仮処分を申請し，東京地裁八王子支部がこれを認める決定を出していたことが分かった。決定は1日付で，市は2日から両施設の使用を中止している。

市によると，噴水は地面に埋め込まれた噴水口から水が断続的に噴き出し，水の間を縫って遊べる構造になっている。女性の家は公園に隣接し，噴水からは数十メートルの距離にある。都条例で同地域の騒音規制基準は日中で50デシベルと定められているが，市が女性宅付近で測定したところ，噴水で遊ぶ子どもの声が60デシベル，スケートボードの音が58デシベルと，ともに基準値を上回っていたという。

女性は心臓などを患い療養中で，噴水で遊ぶ子どもの声などが精神的苦痛をもたらすと主張。これに対し，市は，子どもの声は基準値を超えても受忍限度を超える騒音にはあたらないと主張していた。

この判決の結果，一人の女性のために多くの子どもが遊び場を奪われたことになるので，一見したところ理不尽な感じがする。また功利主義の立場からしてもこの女性は多くの人々の幸福を減少させているように見える。

しかし，本論で示したように，この女性や上記の住民たちをNIMBYだとして悪者扱いすることには大きな問題がある。それは新幹線公害問題を考えれば分かる。

新幹線公害問題

戦後の日本において，最大多数の最大幸福に最も寄与したインフラは「新幹線」であろう。飛行機や自動車に比べて圧倒的に事故率が低く，短時間で日本列島を端から端まで移動できる新幹線は，多くの人々に多大な恩恵を与えた。

しかし，東海道新幹線は開業（1964年）と同時に「新幹線公害」を顕在化させた。新幹線公害とは「新幹線の走行に伴う騒音，振動，電波障害，砂利や水などの飛散，日照妨害などが相乗しながら沿線住民にあたえている生活妨害，

Case Study ｜ ケーススタディ1

睡眠妨害，精神的被害，健康被害の総体」（船橋他 1985：i）をさす。とりわけ名古屋市内の沿線では被害が深刻で，1974年には，住民たちが，新幹線の騒音と振動を抑えるための運転差し止めと，これまでの被害に対する損害賠償を国鉄（JRの前身）に求める訴訟を起こした（名古屋新幹線公害訴訟）。一審判決では損害賠償請求が認められたが，運転差し止めは認められなかった。新幹線の公共性が考慮されたためである。控訴審でも差し止めは認められず，しかも損害賠償額は減額された（船橋他 1985：20-55）。

その後1986年に，国鉄と被害者の間で和解協定が成立した。名古屋新幹線公害訴訟弁護団の高木輝雄弁護士は，和解後も和解内容の履行監視を続け，「原告も頑張ったが，JR東海も真摯に対応していただいた」ことにより，「新幹線の騒音・振動も一定の軽減を果たした」と総括している（高木 2009）。

この例はNIMBY問題を考えるうえではきわめて重要である。新幹線が多くの人々に幸せをもたらすからといって，一部の人々が騒音・振動に耐え忍ぶ必要はないのである。むしろ積極的に被害を申し立てることによって，騒音・振動対策が行われ，新幹線の負の側面が改善に向かったのである。

功利主義とNIMBY

ここで先ほどの例に戻ろう。児童相談所，保育所，子どもが遊ぶ公園，これらはすべて社会全体の幸福につながる施設である。したがってこれらを建設すること自体が批判されてはならない。しかし，建設をするとなると，当然，どこかの場所が必要であり，多くの場合そこにはすでに住んでいる人たちがいる。社会的な利益が大きいからといって，住民たちの意向を無視して建設をすることは戒めなければならない。また，どんな声であれ住民が声を上げることを否定してはいけない。重要なことは建設側と住民側がじっくり協議することである。その際にNIMBYという言葉は一部の発言を封じ込めるように作用する。功利主義自体は悪くない理論だが，功利主義を盾に犠牲を強いる言動（つまり「お前の言っていることはNIMBYだ」と叫ぶこと）は悪いということができる。

なお，原発についてはNIMBYの例として取り上げなかった。今や原発に反対する意見のほとんどはNIMBYではなくNIABY（Not in any backyard：誰の裏庭にもつくらないでくれ）を訴えているといえるからだ。

参考文献

船橋晴俊他　1985『新幹線公害――高速文明の社会問題』有斐閣

高木輝雄　2009「名古屋新幹線公害訴訟（和解後）の報告」全国公害弁護団会議のHP http://www. kogai-net. com/sokai-document/document38/38-200/38-251/（最終閲覧2020年5月1日）

Active Learning ｜ アクティブラーニング 1

Q.1

倫理的とはどういうことかについて話し合ってみよう。

「お年寄りに席をゆずるべきだ」という倫理命題がある。それに基づいて，席をゆずった場合には特に問題は起こらない。しかし，ゆずりたいという気持ちはあるのだが，何らかの事情で（たとえば混雑していて）ゆずれなかった人（Aさん）がいる。また，ゆずる気はなかったのだが，何らかの事情で（たとえばパートナーに促されて）ゆずった人（Bさん）がいる。この場合，どちらの人が倫理的評価に値するのか。本章での内容を参考にして話し合ってみよう。

Q.2

自由主義の原則の問題点について考えてみよう。

他の人の生命，身体，財産を侵害したときには逮捕・拘束されるが，それらをしなければ自分のことは自分で決めてよい，というのが「他者危害」に基づく自由主義の原則である。しかし，この原則だけだと多くの問題が生じることも指摘されている。どのような問題が生じるか，話し合ってみよう。

Q.3

功利主義の発想で進められている事例を探して検討してみよう。

功利主義の発想に基づいて少数の人々に負担を強いている例は，社会のさまざまなところで見られる。身近な場所でそのような例がないか考えてみよう。あるいは，新聞やインターネットを使ってそのような事例を探してみよう。そのうえで，その事例において前提されている功利主義的な理由と，それが倫理的に批判される理由の両方について考え，レポートにまとめよう。

Q.4

哲学者の自伝・評伝を読んでみよう。

功利主義・自由主義の提唱者であるミルは，幼少期から英才教育を受け，さまざまな分野で一流の仕事を成し遂げたが，彼には「人生の危機」と呼ばれる深く思い悩んだ時期がある。彼は何に悩んでいたのか，それをどう乗り越えたのか。『ミル自伝』やその他の評伝を読んで，その経緯を確認してみよう。

第2章

義務論と環境問題
人格の尊重と人間中心主義

寺本　剛

本章では，倫理学の基本的な立場のひとつである「義務論」について学ぶ。義務論は，18世紀プロイセンの哲学者イマヌエル・カント（1724-1804）に由来する倫理（カントの用語に即して，以下では「道徳」と呼ぶこともある）の考え方である。その名が示すように，義務論は義務を倫理の本質とするが，そのことを適切に理解するために，本章ではそのポイントを，順を追って説明していくことにする。自律と他律，人格と物件，尊厳と価格，格率と道徳法則，定言命法と仮言命法，完全義務と不完全義務，適法性と道徳性といったちょっと難しそうな対概念がいくつも登場するが，カントの言っていることは「言われてみればそうだな」ということばかりだから，あまり不安がらずに一つひとつの対概念の意味を理解し，他の対概念との関係を考えながら一歩一歩進んでいこう。そうすれば義務論という険しい山もそれほど苦にならずに制覇できるはずだ。山を登り切ったら，今度は，功利主義と対比して義務論の特徴を明確にし，両者が好対照をなす思想であることを確認しよう。最後に，義務論が環境倫理にどのようなかたちで関わるかを見てみる。具体的には，義務論が環境正義のひとつの根拠となりうること，義務論が人間中心主義的な発想で自然環境保護を義務づけていることを確認する。

KEYWORDS #他律 #自律 #人格 #尊厳 #格率 #道徳法則 #仮言命法 #定言命法 #完全義務 #不完全義務 #適法性 #道徳性 #正義

1｜義務論の基本

・

自律と他律

義務論の基本的な特徴は，人間を自由な行為主体と見なし，そこから出発して行為の善悪，すなわち倫理を説明する点にある。

自然界に存在するすべてのものは人間を含めて自然の摂理に従っている。物体は物理法則に従って動き，動物や人間は本能や欲求といった自然の傾向性に従って動く。これらの存在はただ自然の摂理に受動的に従っているだけで，自らそれに従おうとしているわけではない。このように自分で何かを決めるのではなく，自分以外のものに規定されるあり方をカントは「**他律**」と呼ぶ。他律的な存在の振る舞いはいわゆる自然現象であって，それについて善悪を問題にすることはできない。風が吹いて砂埃が目に入っても，蚊に刺されて血を吸われても，風や蚊に責任を取ってもらおうと考える人はいないだろう。

しかし，こうした他律的な存在のなかで，少なくとも人間は，自らが従うべき行為の規則を定め，欲求や誘惑に抗いながら，その規則に従って行為する能力，すなわち意志をもっている。「毎日ジョギングする」と自ら決意したら，寒くても，暑くても，疲れていても，気分が乗らなくても，はじめに決めた規則に従って毎日欠かさずジョギングすることができるのだ。この意志の力によって，人間は他律的な存在であるばかりでなく，自由な行為主体としても存在することになる。このように自ら行為の規則を定め，それに従うことで，自然の摂理から解き放たれ，自由に行為できるあり方をカントは「**自律**」と呼び，自律的な存在についてだけその行為の善悪を問題にできると考えた。

自律というのは，自然の摂理から解き放たれているという意味で自由なのであって，日常的に使われる「自由」という言葉のように，「好き勝手に何をやってもよい」とか，「やりたくないことはやらなくてよい」といったことを意味してはいない。このような勝手気ままな振る舞いは，欲求という自然の傾向性に受動的に従うだけの他律的なあり方である。また，規則に従うといっても，その規則はそれに従う者が自分自身で定めなければならない。他人が定めた規則に強制的に従わされるのは他律的だからだ。それゆえ自律とは，正確には，自然の傾向性に左右されず，また他人に強制されることなく，自らが定めた規則に，自らの意志で従おうとするあり方のことである。

・

人格と尊厳

人間は，他律的なだけでなく，自律的な存在でもあり，だからこそ倫理的な行為の「主体」として存在する。しかし，それと同時に，人間は自律的であるがゆえに，特別な倫理的配慮の「対象」でもある。

自然界の他律的な存在は，目的もなく，自然の摂理に従って動くにすぎない。それは自律的な存在が設定する目的を実現するための手段として価値をもつだけであり，唯一無二の存在ではなく，いつでも他のものと交換可能だ。自然界に存在する他律的な存在をカントは「物件（Ding）」と呼び，それが相対的な価値である「価格（Preis）」をもつにすぎないとした。これに対して，人間は自ら目的を設定し，それに向かって行為する自律的な存在でもある。そこにおいて目的が発生し，倫理の次元が開けるという意味で，それぞれの人間はかけがえのない価値をもっている。このような自律的な人間のあり方をカントは「**人格**（Person）」と呼び，それが「**尊厳**（Würde）」という絶対的な価値をもつとした。人格の尊厳は，他のものの手段にはならないという意味で最終的な目的であり，すべての行為主体はそれに配慮して行為しなければならないとされる。

・

格率と道徳法則

人間は，自ら規則を定め，それに従って行為する。その規則は，それぞれの人が，それぞれの状況や好みに応じて定める主観的なものだ。これには「毎日必ずジョギングをする」といった具体的で身近なものから，「人に優しく」といったより抽象的で一般的なものまでさまざまな種類やレベルのものがある。カントは，このようにそれぞれの人が定める主観的な規則のことを「**格率**（Maxime）」（「格律」「信条」とも訳される）と呼ぶ。

しかし，自ら格率を定め，それに従って行為しても，倫理的に行為したことになるとは限らない。自分の都合で好き勝手に格率を定め，それに従うならば，それは欲求や傾向性に左右される他律的なあり方である。それに，みんなが好き勝手に格率を定めて行為すれば，それぞれの格率が矛盾し，対立が生じてしまう。そこでカントは，行為が倫理的なものとなるためには，以下のような客観的原則に従って格率を定めなければならないと考えた。

「君は，〔君が行為に際して従うべき〕君の格率が普遍的法則となることを，当の格率によって〔その格率と〕同時に欲しうるような格率に従ってのみ行為せよ」（カント 1976 : 85,〔　〕は訳者による補足。本書での言葉遣いに合わせて「格律」を「格率」に変更した）。

自らの定める格率が普遍的な法則となり，それにすべての人が従ったと仮定しても，その状態を自分自身がのぞむことができるならば，その格率は自分自身で定めたにもかかわらず，自分勝手なものではないことになる。人間は他律的でもあるから，欲求や傾向性に影響されて，自分に都合のよい格率を定めたり，自分だけを規則の例外として扱ったりしがちだが，人間は自律的でもあるので，できるだけ普遍的な格率を定めて，それに従おうとすることもできる。そして，それが適切になされた場合に，人は倫理的に行為していることになる。

加えて，カントは以上の原則を次のようにいいかえることもできるという。

「君自身の人格ならびに他のすべての人の人格に例外なく存するところの人間性を，いつでもまたいかなる場合にも同時に目的として使用し決して単なる手段として使用してはならない」（カント 1976 : 103）。

ある人が自分に都合のよい格率を定め，それに従って行為するならば，それは他人の格率や行為と対立し，他人に危害を加えたり，損害を与えたりすることになるかもしれない。そのとき，人は自分の利己的な目的のために，他人を手段としてだけ利用することになるだろう。それでは，自分の人格の尊厳だけを尊重し，他人の人格の尊厳を踏みにじることになる。すべての人格が等しくかけがえのない存在である以上，すべての人は，自分を含めたすべての人格の尊厳に配慮して格率を定め，それに従わなければならない。そうすれば，すべての人が互いの自律的決定を自律的に尊重しあい，それぞれの自律が最大化されるという理想的なあり方が実現される。以上のように表現される客観的な原則はこうしたあり方を倫理の究極的な目標として明示している。

これらの客観的原則は，それに従うことで人が倫理的に行為できるようになる原則であり，それゆえ「**道徳法則**」と呼ばれる。神のように完全な存在ならば，放っておいてもその意志や行為はすべて道徳法則に合致するが，他律的な存在でもある人間が定めた格率は道徳法則と矛盾する可能性が常にある。その場合には，道徳法則が優先され，それに従って格率を定め直さなければならない。この意味で道徳法則は人間にとっては「～すべし」という命令として機能する。この命令が「義務（Pflicht）」である。カントの倫理学が「義務論」と呼ばれるのは，この意味で義務に従うことを倫理の本質と見なすからである。

2｜意志と道徳性

定言命法と仮言命法

しかし，具体的に私たちはどのような義務に従って行為したら倫理的に行為したことになるのか。カントは人間に行為を指定する命令は「**仮言命法**」と「**定言命法**」という2種類の命令形式によって表されると指摘する。仮言命法とは，「～したいなら～せよ」や「～したくないなら～すべきではない」というように，何か別の目的を達成するための合理的な手段を指示する命令である。たとえば，「健康になりたいなら，毎日運動をせよ」や，「人に好かれたいなら，親切にすべきだ」というのがそれにあたる。これらの命令は，「健康になる」とか「人に好かれる」という目的のために従うべきものであって，無条件に従うべきものではない。もし親切にしても人に好かれないなら，そのときは人に親切にしなくてよいことになる。このことからも分かるように，仮言命法は自分の利益のために従うべき命令の表現であり，道徳的な義務の表現ではない。

これに対して，定言命法は「～せよ」や「～するべきではない」というように無条件に断定する命令の形式である。これはある行為それ自体の善悪を端的に示すものであり，すべての人はいつでもこれに従わなければならない。カントは道徳法則だけが定言命法で表される命令であり，それに従って定められた格率が具体的な道徳的義務になると考えた。それゆえ，利益のために人に親切にし，嘘をつかないのではなく，ただ端的に（道徳法則のみに従って）人に親切にし，嘘をつかないことが道徳的な義務となる。

・・

完全義務と不完全義務

道徳的な義務は「**完全義務**」と「**不完全義務**」に分けられる。完全義務とは，欲求や傾向性の影響を完全に遮断し，例外なく従わなければならない義務である。それは，従うことが当然の義務であって，それに背くことは道徳的に悪い行為として非難される。一方，完全義務ほど厳しくない「不完全義務」というものもある。それは，絶対に従わなければならないというわけではなく，できれば従った方がよい，いわゆる努力義務にあたるものである。不完全義務に従わなかったからといって非難されはしないが，それに従えば肯定的に評価される。カントは完全義務と不完全義務を①自分自身に対する完全義務，②他人に対する完全義務，③自分自身に対する不完全義務，④他人に対する不完全義務の4つに分類し，それぞれについて次のような事例を挙げている。

① 自分自身に対する完全義務：自殺をしない

生命の本質は自分自身を発展させることにある。苦境を避けるために自殺することは生命のこうした根本的なあり方と矛盾する。それに，自殺は自分自身の人格を無に帰するものであり，苦境を回避するために自分自身の人格を手段としてのみ扱うことである。このような形で自分自身の尊厳を踏みにじるのは，道徳法則に真っ向から反する行為であり，許されない。

② 他人に対する完全義務：嘘の約束をしない

すべての人が「嘘の約束をしてもよい」という格率に従えば，約束など信用できなくなり，約束そのものが成立しなくなる。約束そのものが成立しないなら，嘘の約束もありえず，元の格率も成り立たない。それゆえ，元の格率は自己矛盾していることになる。それに，嘘の約束は，自律的な同意なしに他人に特定の行為をさせて，他人に損害を与えることにつながる。これは他人の人格を手段としてだけ扱い，その尊厳を尊重しない非倫理的な行為である。

③ 自分自身に対する不完全義務：努力して自分自身の才能を伸ばす

この義務にすべての人が背いたとしても，誰かがそれで死んだり，傷ついたりするわけではなく，すべての人格の尊厳は保たれる。しかし，人間には向上心という素質があり，怠け，快楽に耽る生活はこの人間の本性と一致しない。だから，できるだけ努力をして自らの人間性を高めることが義務となる。

④　他人に対する不完全義務：他人に親切にする

すべての人が他人に対して親切にしなくとも，他人に危害を加えさえしなければ，世界は平和で，それなりに望ましい状態になるだろう。しかし，これは他人の人格を目的として扱うべしという道徳法則に消極的に従っているだけである。互いを目的として扱い，その尊厳を尊重し合うことは，互いに親切にし合うことでより高いレベルで実現される。それを目指すことが道徳法則に積極的に従うことであり，その方が倫理的によりよい状態である。

••

適法性と道徳性

しかし，行為の善悪について理解するためにはさらに別の点も考慮する必要がある。以上のような義務に「適った」行為をしても，それだけではまだ義務に「基づいて」行為したことにはならない。たとえば，嘘をつかず，他人に親切にすることは他人に対する義務だが，実際にそうしたからといって，それだけではまだその人が倫理的であるとは限らない。「人に好かれたいから」「長期的な信用を得たいから」といった利己的な動機でこれらの義務に従っているならば，それは外面的に道徳法則に「適った」行為をしているだけである。カントはこのような行為のあり方を「**適法性**（Legalität）」と呼ぶ。これに対して，道徳法則に従おうとする意志をもって，すなわち，よいことをしようという意志をもって以上の義務に従う場合には，その行為は本当の意味で倫理的な行為と見なされる。このように外面的にだけではなく，動機の面でも道徳法則に「基づいて」なされる行為のあり方を，カントは「**道徳性**（Moralität）」と呼んだ。

注意しなければならないのは，道徳法則に従おうとする意志は，動機といっても，他人に対する同情心のようなものとは異なるということである。同情心というのは人間という生物に自然が与えた傾向性である。それゆえ，これに促されて他人に親切にしても，それは他律的なあり方であり，その行為は道徳法則に適ってはいても，それに基づいてはいない。そのような心理的な傾向性ではなく，「道徳法則から導き出された義務であるから」という理由で他人に親切にする場合に，それは道徳法則に基づいた道徳的行為と見なされる。

3｜義務論と環境問題

•••

義務論の特徴

義務論は第1章で学んだ功利主義と，少なくとも3つの点で異なっている。

① 義務論は幸福の追求ではなく義務の遂行を倫理の本質とする。極端な言い方をすれば，義務論では行為主体やその関係者が幸福になるかどうかは倫理の観点からは重要ではなく，行為主体が純粋に道徳法則に基づいて行為しているかどうかによってその行為の倫理的価値が決まる。幸福の追求は，それが義務である限りでなされるべきであり，それ自体が倫理的価値をもつわけではない。

② 義務論は結果ではなく，動機を重視して行為の善悪を評価する動機主義の一種である。結果としてもたらされる幸福ではなく，義務を重視する義務論が帰結主義にならないのは当然といえよう。カント自身もはっきりと「行為の道徳的価値は，行為から期待されるところの結果にあるのではない」（カント 1976：39）と述べており，功利主義のような帰結主義の立場をとっていないのは間違いない。

③ 義務論は一人ひとりの人間を尊厳をもったかけがえのない存在と見なす。功利主義では，原則として，社会全体の幸福の総和が最大化できるならば，相対的に小さい不幸は容認されるし，それによって一部の人々が犠牲になることもやむをえないとされる。これに対して，義務論ではそのようなことは原則的に許されない。幸福の総和の最大化のために誰かを犠牲にすることは，その人を手段としてのみ扱うことであり，道徳法則に反することになるからだ。

以上のことから分かるように，「よい結果のためなら約束も破る」（第1章21頁）ことは義務論では許されない。これは義務よりも結果を重視し，道徳法則に基づいて行為しようという「よい意志」に基づかず，他人を単に他の目的のための手段としてのみ扱う非倫理的な行為だからだ。この事例に対する評価を見ても分かるように，義務論は功利主義とは好対照をなす立場だといえよう。

•••

正義の基盤としての義務論

このような義務論の考え方は，環境問題を考えるうえで，いくつかの重要な視点を与えてくれる。

人類が経験してきた環境問題の多くは，社会**正義**の問題として捉えることができるものだ。先進国が多くの化石燃料を消費し，温室効果ガスを排出してきたにもかかわらず，気候変動の影響を強く受けるのが自然と密着した生活を送る開発途上国の人々であるとするならば，それは明らかに不公平であろう。あるいは，プラスチックごみが規制のゆるい開発途上国へと持ち込まれたり，先進国におけるパーム油の大量消費が生産地の森林開発・破壊をもたらしたりするといったことも正義にもとる環境破壊である。正義に反するこのような状況はグローバルな問題に特有のものではない。どの国でも迷惑施設は経済的基盤の弱い地域につくられる傾向があるし，公害の歴史が示すように，企業が利益をあげる過程で環境を汚染しても，その被害はその企業ではなく，胎児，子ども，女性，老人，病人，貧困者といった弱者に集中する。こうした環境に関する不正義は，義務論の観点から見れば，社会的・経済的強者が，自らの幸福を優先し，弱者を単に手段としてだけ扱っている現象として理解できる。たとえば，クリスティン・シュレーダー=フレチェットはこうした不正義をカントの言葉を使って批判している。

> 「貧しい人々，特にマイノリティの人々が，その施設がもたらすほとんどのコストを負担するにもかかわらず，この人々には，分配されるとしても，そのコストに見合わない小さな利益しか分配されない。こうした不平等によって，結果的にある人々を，他の人々の社会的・経済的目的のための手段としてだけ扱うことになるのだとしたら，それは分配の正義に反する。（中略）すべての人間に平等な権利と平等な尊厳があるならば，何の正当化もなしに，一部の人々を他の人々の目的の手段として使用することは倫理的に間違っている」（Shrader-Frechette 2002: 84，引用者訳）。

すべての人間の尊厳に配慮すべきことを倫理の原則とする義務論は，こうした不正義の非倫理性を明確に示すことができる立場だといえよう（本書第8章を参照）。

同様に，義務論の考え方は，世代間の不正義の問題（本書第7章を参照）にも適用できるかもしれない。まだ生まれていない将来世代は，現在の意思決定に参加できないにもかかわらず，その影響を不可避的に受ける弱者である。今の大人たちが自らの幸福のためだけに将来世代の生存条件を悪化させるならば，それは将来世代の人格の尊厳を毀損する非倫理的な行為と見なすことができるかもしれない。ただし，まだ存在していない将来世代に尊厳を認めるべきかどうかということについては見解が分かれるところであり，以上のような義務論的な理由で将来世代への倫理的配慮を正当化できるかどうかについては議論の余地がある。

• • •

自然に尊厳を認めることができるか

環境倫理学では，環境保護の運動を根拠づけるために，これまで人間だけに認められてきた道徳的地位を，動物や植物，生態系や生物多様性といったものにまで認め，それらも道徳的配慮の対象として扱うべきだとする議論が展開されてきた。これは，義務論の考え方を拡張して，自然全般に尊厳を認めようとする考え方として理解できる。義務論をこのように拡張できれば，すべての動物や生物，さらには無生物を保護することが完全義務となり，環境保護の運動を倫理的な観点から強く後押しすることができるかもしれない。

しかし，カント自身はこの点で徹底して人間中心主義的である。義務論において道徳的配慮の対象となるのはあくまでも自律的な存在だけである。そしてカントは自律的な存在を人間のような理性と意志をもった存在に限定している。実際，人間と近しい関係にある動物すら，自分自身を意識していないがゆえに，単に手段としてだけ存在するともいっている（カント 2002b : 269）。

もっとも，カントは動物を虐待してよいといっているわけではない。むしろ，以下のように，カントは動物愛護を人間の重要な義務に数え入れている。

> 「理性を欠くが生命ある被造物に関して，動物を暴力的に，また同時に残虐に取り扱うことは，人間の自己自身に対する義務によりいっそう心底から背いてい

る。というのは，そうすることによって，動物の苦痛に対する人間のうちなる共感が鈍くなり，そのことによって，他の人間との関係における道徳性に非常に役立つ自然的素質が弱められ，そのうちに根絶やしにされてしまうからである」(カント 2002a：322-323)。

動物の苦痛に鈍感になることで，他の人間の苦痛にも鈍感になり，他人を目的として扱うという道徳的態度が弱体化するかもしれない。このような傾向を放置することは，自らの人間性を劣化させることを意味しており，それは自分自身に対する完全義務に反するというのがカントの考えだ。

このように，カントの義務論は，動物を愛護する義務を完全義務として要請するが，それは動物に対する直接的な義務ではなく，あくまでも人間性に対する直接的な義務を果たすために求められる間接的義務である。カントは動物だけでなく，美しい自然を守ることも人間に対する直接的義務から説明しており(カント 2002a：322)，人間以外の自然全般に尊厳を与えることは考えていない。カントのこうしたスタンスは人間以外の自然全般を軽視する人間中心主義として批判されるかもしれない。他方で，その倫理思想は，これまで私たちがとってきた人間中心主義を維持したままで，自然に対する完全義務を根拠づける穏当で現実的な思想として評価することもできるだろう。

参考文献

カント，I　1976『道徳形而上学原論』篠田英雄訳，岩波書店

―― 1979『実践理性批判』波多野精一・宮本和吉・篠田英雄訳，岩波書店

―― 2002a「人倫の形而上学」『カント全集11』樽井正義・池尾恭一訳，岩波書店，13-452頁

―― 2002b「コリンズ道徳哲学」『カント全集20』御子柴善之訳，岩波書店，9-286頁

瀧川裕英　2019「気候変動においてカントは動物を考慮するか」宇佐美誠編著『気候正義』勁草書房，185-208頁

丸山徳次編　2004『応用倫理学講義２環境』岩波書店

Shrader-Frechette, K. 2002. *Environmental Justice: Creating Equity, Reclaiming Democracy.* Oxford University Press

Case Study ｜ ケーススタディ2

何かを手段として利用すること
児童労働と動物実験

児童労働の問題性

児童労働とは，法律で定められた就業最低年齢を下回る年齢の児童によって行われる労働である。国際労働機関（ILO）の報告では，2016年における世界の児童労働者数（5～17歳）は1億5200万人であり，そのうち7300万人が「児童の健康，安全もしくは道徳を害するおそれのある性質を有する業務又はそのようなおそれのある状況下で行われる業務」である「危険有害労働」をしていた（ILO 2017）。1992年にILOが定めた「児童労働撤廃国際計画」は，人身売買，徴兵を含む強制労働，債務労働などの奴隷労働，売春，ポルノ製造，薬物の生産・取引などの「最悪の形態の児童労働」の撤廃に重点を置き，最終的にすべての児童労働をなくすことを目指している。

しかし，児童労働を当然視する地域では，就学機会の重要性は十分に認識されておらず，児童は家事労働や子育てに従事したり，家計を支える役割を担っていたりする。企業が安価な労働力を求めてこのような地域に進出し，仕事を提供すれば，児童は労働することを自ら選び，喜んでその企業で働くかもしれない。このような場合に，児童労働は倫理的にどう評価されるべきか。

企業は安い労働力を得ることができ，児童や家族は望ましい収入が得られ，地域社会は経済的に潤う。関係する人々の幸福の度合いは高まるため，功利主義をごく単純に適用して考えるならば，この地域での児童労働は肯定的に評価されるだろう。この場合に児童労働を批判する功利主義的理由があるとすれば，児童が就学機会を失うことで，長期的に少ない経済的利益しか得られず，就学した場合と比べて幸福の度合いが低くなり，関係者および社会全体の幸福の度合いも相対的に低くなる可能性がある，といったものである。

これに対して，義務論では，関係者が幸福になるかどうかではなく，一人ひとりの尊厳を尊重しているかどうかが，行為を評価するための決定的な基準である。身体的・精神的に成長するために必要な教育機会を与えずに児童を働かせることは，児童自身がそれを望んだとしても，また，結果的に児童がその労働によって幸福になったとしても，経済的利益のために児童を手段としてだけ利用していることになり，倫理的に許されないと思われる。しかし，どのような人をどのような条件で雇用したらその人を「たんに手段としてだけ利用している」ことになり，あるいは「目的としても扱っている」ことになるのか。よく考えてみると，その基準はそれほど定かではない。児童労働の倫理的な問題性を義務論の観点から説明するには，さらに精緻な議論が必要である。

化粧品のための動物実験

私たち人間は動物を手段として利用している。その代表的な事例のひとつが動物実験だ。化粧品，日用品，食品添加物，農薬，工業用品などにはさまざまな種類の化学物質や材料が使用されているが，動物実験はその安全性や有効性の評価に貢献してきた。またそれは，生理学，栄養学，生物学，心理学をはじめとするさまざまな学問分野の発展にも寄与している。

とはいえ，そのために多くの動物が危険な物質に晒されて苦痛を受け，実験後は安楽死処分されており，その事実に私たちは罪悪感を感じずにいられない。現在では，「動物の権利」あるいは「動物の福祉」に反するとして，世界中でさまざまな団体が動物実験に反対している。学問の世界では，1954年にラッセルとバーチが，利用する実験動物の数の「削減（Reduction）」，動物実験を行う際の「苦痛の軽減（Refinement）」，動物実験とは別の方法で代替する「置き換え（Replacement）」を提起した「人道的な実験技術の原則」（3Rの原則と呼ばれる）を示し，現在ではその考え方が国際的に広く受け入れられている。

政治的な取り組みとしてはEUが先進的である。EUは，現時点での動物実験

Case Study｜ケーススタディ2

の必要性を認めつつも，最終的には動物を用いない実験への完全移行を目標としてさまざまな取り組みを積み重ねてきた。1993年からは化粧品に関わる動物実験の禁止や動物実験によって製造された製品の販売禁止などが法制度のなかで漸進的に進められ，2013年には化粧品動物実験が完全に禁止されることとなった。これを受けて現在では動物実験を廃止する日本企業も出てきている。

ところで，カントは動物実験について「単なる研究のためだけの苦痛の多い生体実験は，それをしなくても目的を達成することができる場合には，忌避されるべきである」（カント 2002：323）と述べている。カントにとって，動物は手段としての価値しかもたないから，それを人間の目的のために利用するのは問題ない。しかし，その利用において動物に無用な苦痛を与えるのは残酷であり，それを続ければ人間性の劣化を招くことになる。だから，動物実験には慎重な態度をとることになるわけだ。とはいえ，ここで疑問が湧く。義務論の枠組みでは，人間のどのような目的のためだったら，動物実験を容認するのだろうか。一般的に医薬品と比べて嗜好性の度合いが高いと考えられる化粧品を開発するために苦痛を伴う動物実験をするのは許されるのか。あるいは，苦痛だけが問題ならば，麻酔を施して苦痛を取り除き，動物の身体反応だけを利用するのは「残酷」ではなく，人間性を劣化させない行為と見なしてよいのか。カントが現代に生きていたらどう返答するだろう。

参考文献

カント，I　2002「人倫の形而上学」『カント全集11』樽井正義・池尾恭一訳，岩波書店，13-452頁

International Labour Office（ILO）2017. *Global estimates of child labour: Results and trends, 2012-2016.*

Russell, W. M. S. & R. L. Burch 1959. *The Principles of Humane Experimental Technique.* Methuen

Active Learning | アクティブラーニング 2

Q.1

自分の格率が「道徳法則」に即しているかどうか考えてみよう。

自分自身の行動や考え方を振り返って，自分がどんな格率に従って生きているか考え，それを「毎日ジョギングをするべし」「人に優しく」といったように言葉で表現してみよう。そしてそれが本文に出てきた道徳法則に適合したものであるかどうか，検討してみよう。

Q.2

完全義務と不完全義務の違いについて議論してみよう。

本文をもう一度読んで，完全義務と不完全義務の違いを確認しよう。そして，自分なりに完全義務と不完全義務の事例をできるだけ多く挙げてみよう。最後に，それぞれの例を検討し，それが義務論の観点から見て完全義務ないし不完全義務に分類できるのかどうか，議論し，考えてみよう。

Q.3

児童労働について自分の考えをまとめよう。

児童労働の現状について詳しく調べ，なぜ児童労働は倫理的に問題があるのか，その理由を考えてみよう。そのうえで，どのような人をどのような条件で雇用したらその人を「たんに手段としてだけ利用している」ことになり，あるいは「目的としても扱っている」ことになるのか，自分の考えを文章にまとめてみよう。

Q.4

動物実験の現状と倫理的問題についてレポートにまとめてみよう。

実際にどのような目的のために，どのような実験が，どのような動物で行われているのか，また，動物実験についての各国の態度や，産業界，学術界の動向について調べてみよう。そのうえで，義務論や功利主義の観点から，あるいは「動物の権利」や「動物の福祉」の観点から，その現状を分析してみよう。

第3章

徳倫理学と環境問題

環境保護の実践のための徳を考える

熊坂元大

第1章の功利主義と第2章の義務論に続いて，本章では第三の有力な学説である徳倫理学の視点から環境問題について考える。倫理学にあまり馴染みがなかったという人も，この学問が善悪などの道徳的な事柄，ないしは物事の道徳的側面を扱うということはすでに理解しているだろう。しかし，道徳を扱う学問にさらに「徳」の字が付け加えられると，意味が限定されて明確になるどころか，かえって分かりにくくなったと感じる人も多いのではないだろうか。そもそも，道徳といい徳といい，それ自体としては一般的な言葉なのに（徳という言葉にはやや古めかしい印象をもつかもしれないが），いざ説明しろと言われるとなかなかに厄介である。そこで本章では，まず徳倫理学という学説とその中心的な概念（もちろん，徳もそのひとつである）について概略を述べることから始める。次に，徳倫理学が環境問題の文脈でどのような働きをなしうるのか，いくつかの思考実験を取り上げながら考えてみよう。

KEYWORDS #徳/卓越性(アレテー) #実践知(フロネーシス) #人間的幸福(エウダイモニア) #最後の人間(論) #相対主義 #コモンズの悲劇 #コモンセンス道徳の悲劇

1｜徳倫理学とは何か

・

第三の学説?

倫理学の始まりは古代ギリシャにまで遡るが，当時の哲学者たちの道徳についての考えを，これまで本書で学んできた功利主義と義務論のどちらかに分類しようとしても，うまくいかないことが多いだろう。彼らも快楽や義務について語ってはいるが，その中身はだいぶ違う。たとえば，エピクロスは快楽主義の思想家として知られるが，彼は社会全体の快楽ないしは幸福の総和を最大化せよとは主張していない。また，古代ギリシャの義務は，主にポリスなどの集団に向けられており，カントの考えた個人の自律的な道徳義務とは性質を異にする。古代ギリシャの倫理学の多くは，むしろ**徳**を重要な概念として扱っていた。倫理学は一般に西洋哲学の一分野を意味するが，西洋以外，たとえば中国や日本の伝統的な倫理思想も，功利主義や義務論として捉えるよりも徳倫理学として理解する方が馴染みやすいことが多いように思われる。

ところで，本章の冒頭で徳倫理学を「第三の有力な学説」と述べたが，古代の倫理学の主流が徳倫理学ないしはそれに近いものであるならば，「第三の」と呼ぶのは奇妙に聞こえるかもしれない。だが，「第三の」というのは，決して本書で取り上げる順番だけの話ではない。古代ギリシャの倫理思想は中世以降のキリスト教社会で影響力を減じ，近代に入ると功利主義と義務論の二大学説が並び立つ時期が訪れた。功利主義を体系化したベンサムと義務論の土台を築いたカントはともに18世紀に生まれている。それに対して，徳倫理学再興の先触れと見なされるエリザベス・アンスコムの論文は1958年にようやく出版されたものである。さらに，1960年代から70年代にかけて規範倫理学として徳倫理学を主に扱ったものは皆無だともいわれる（ハーストハウス 2014：4）。近年，あらためて注目されるようになった徳倫理学には，「第三の」と形容されるだけの歴史的背景があるのだ。以下，徳倫理学の衰退と再興の背景について，ごく簡単に見ておこう。

•

徳倫理学の歴史

古代ギリシャの哲学，とりわけアリストテレス哲学は，その後のヨーロッパの学問に深遠な影響を与えた。にもかかわらず，『ニコマコス倫理学』によって示されている彼の道徳学説の影響は限定的なものだったと見られる。これにはさまざまな要因が考えられるが，古代ギリシャと中世・近代のヨーロッパとでは，宗教や政治体制が大きく異なっていたということが大きいだろう。アリストテレスが語る神や徳を，キリスト教的なものとして解釈しようとする試みもあったが，その差異を無視することは困難だった。また，直接民主制である古代ギリシャの都市国家（女性や奴隷に政治参加は認められなかったが）と，中世から近代にかけてのヨーロッパの政治体制との違いはあまりに明白だったし，当時の宗教対立や長期間の戦争にどのように対処すべきかについての明確な指針を，アリストテレスの著作から読み取ることは困難だった。

そのような古代ギリシャの徳倫理学に対する関心が，現代に蘇ったのはなぜだろうか。もちろん，社会状況が古代ギリシャに近いものへと回帰したからではなく，どちらかといえば，倫理学に向けられる関心そのものの変化によるところが大きい。「個人が備えもつ動機と道徳的性格（中略），道徳教育，道徳的な知すなわち良し悪しの判別力，友愛や家族愛，幸福という深遠な概念，道徳生活における感情の役割などをめぐる諸問題，さらに『わたしはどのような人間であるべきか』『わたしはいかに生きるべきか』」といった問題を，当時の功利主義と義務論が蔑ろにしていたために徳倫理学の再興に至ったと，徳倫理学の代表的な論者の一人であるロザリンド・ハーストハウスは述べている（ハーストハウス 2014：5-6）。

ただし，功利主義や義務論にもいろいろなバリエーションがあるように，徳倫理学と一口にいっても論者によって中身はさまざまである。徳倫理学におけるアリストテレスの影響は大きいが，徳倫理学の議論すべてが彼の思想を中心に据えて展開されているわけではない。クリスティーン・スワントンは徳倫理学のいくつかの種類を検討したうえで，「徳倫理学とはいくつかの類と種を持った一群の道徳理論として見なされるべきだ」と結論づけている（スワントン 2015：511）。とはいえ，徳倫理学の議論の多くが「**アレテー**」と「**フロネーシス**」「**エウ**

ダイモニア」という古代ギリシャ哲学の3つの概念，ないしはそこから発展した「徳」「**実践知**」「**人間的幸福**」を重視していることは間違いない。

•

徳（アレテー）

西洋における徳の概念はギリシャ語のアレテーにまでさかのぼるが，アレテーと徳の間には看過しがたい差異があるため，アレテーを訳すときに徳ではなく**卓越性**という語が当てられることも多い。これは日本語に特有の事情ではなく，『改訂版オックスフォード訳アリストテレス全集』（Barnes 1984）でも，全面的に「徳（virtue）」が「卓越性（excellence）」に置き換えられている（アナス 2015：178）。

卓越性をより日常的な言葉に置き換えると「優秀さ」になるだろうが，倫理学における徳は「優秀さ」全般ではなく，より限定された性質である。たとえば，パソコンやナイフといった機械や道具の優秀さは徳と見なされない。優れた身体能力や外見も同様である。私たちが考える徳とは，人格に備わった，道徳的に望ましい性格なのである（ただし，そうした性格をもつだけで有徳な人物と見なされるわけではなく，次項で取り上げる実践知も備えていることが必要となる）。

ところで，功利主義や義務論も，望ましい性格について語れないわけではない。功利主義であれば，全体の幸福を最大化しようとする人物を有徳だと評するだろうし，義務論は道徳義務を遵守しようとする性格を徳だと見なすだろう。同様に，行為の結果を気にかけない義務論や徳倫理学，義務を考慮しない功利主義や徳倫理学も説得力を欠く。嘘をつかなければ人命が危険にさらされる場合にまで，「嘘をつくべからず」という義務を厳守する義務論者はまずいないだろう。他方で，現代の著名な功利主義者であるピーター・シンガーは，極度の貧困状態にある人々への寄付は義務だと見なしている（シンガー 2014：3-54を参照）。いうなれば，道徳についての妥当な議論は，帰結・義務・徳のいずれも視野に入れているのであって，違いはどこに重きを置くかにある。徳倫理学者も，上述のような望ましい性格の検討を中心的課題としているが，行為の結果や義務を度外視するわけではない。

・

実践知（フロネーシス）

道徳的に望ましい性格を何かひとつ挙げるようにいわれて，まったく思いつかないという人はいないだろう。思いやりや正直さは，そのひとつとして頻繁に挙げられる。しかし，そうした性格を備えているだけで道徳的に正しく振る舞えるわけではない。他者を傷つけまいとするあまり，本当は真実を告げるべきでその方が相手のためにもなる場面で嘘をついてしまう，あるいは正直であろうとして必要以上に相手を傷つけてしまうということは珍しくない。その時々に，どのように振る舞うことが望ましいのかを判断するには，好ましい性格を持ち合わせているだけでなく，状況を適切に判断して振る舞うだけの知的な能力，すなわちフロネーシスまたは「実践知（practical wisdom）」と呼ばれる能力が必要となる。

たとえば，幼児は周囲の大人が驚くほどの思いやりを発揮することがあるが，手助けしようとしても失敗してしまい，結果的に周囲に迷惑をかけるだけということも少なくない（筆者も娘の思いやりの被害者となったことが何度もある）。望ましい性格が徳として機能するためには，実践知の助けが不可欠となるが，その獲得には一定の人生経験が必要なようだ。有徳であるということは，単に生来の，あるいは躾などによって身につけた性格に基づいて，情緒的に反応するということではない。そこには自身の能力と周囲の状況を総合的に判断する知的な働きも関与しているのである。

・

人間的幸福（エウダイモニア）

徳倫理学がハーストハウスのいうように「わたしはどのような人間であるべきか」や「わたしはいかに生きるべきか」といった問題意識に基づくのであれば，そこで検討される徳の涵養はよい人生を送ることに関わるはずである。徳倫理学内部にもさまざまな立場があることはすでに述べた通りだが，徳が当人の人生にとって毒にも薬にもならない，あるいは徳を身につけることで人生が損なわれるといった主張が，徳倫理学の名のもとに成されることは考えにくい。私たち人間にとってのよき生を表す古代ギリシャの概念がエウダイモニアであり，もともとはよき守護霊に守られている状態を表す。

エウダイモニアは「幸福（happiness）」と訳されることが多いが，この言葉は分かりやすい一方で，エウダイモニアの訳語としては欠点もある。というのも，幸福という言葉からは，望ましい人生のありようだけでなく，一時的あるいは主観的な感情の状態も連想させてしまうからである。たとえば，薬物によってもたらされる恍惚感や満足感に浸ることで，確かに一時的には多幸感を得られるが，そのような人生を私たちは送りたいとは思わない。仮に中毒症状による弊害がないとしても，多くの人はただ薬物を摂取し続けるだけの人生を求めないし，友人や家族にそのような人生を送らせたいとも思わないはずだ。そこまで極端でないとしても，周囲から見て明らかに問題のある状況に置かれながら，自分は幸福なのだと思い込むケースもあるだろう。

いずれにせよ，人生の良し悪しが本人の主観のみで定まるとは考えにくいため，英語文献では「幸福（happiness）」ではなく「繁栄（flourishing）」という語も用いられている。ただし，この語は植物など人間以外の生物にも用いられるので，エウダイモニアを「人間的幸福（human flourishing）」と訳すことも多い。日本語文献ではflourishingに，「繁栄」や「開花」，あるいは「幸福」などをあて，humanがついている場合には「人間」「人間的」などと訳しているようだが，まだ定まった訳語はない。肝要なのは，訳語が何であれ，エウダイモニアがルーツにあるということをふまえておくことである。

環境問題の文脈でいえば，資源を浪費する生活スタイルが果たして人間的幸福の名に値するのか，あるいは環境保護のための取り組みや規制が人間的幸福を追求するに相応しい方法で行われているのかという点が問われることになる。

2｜環境徳倫理学——環境問題への徳倫理学の視点

地球の有限性と自然の生存権

第1章で説明があった通り，地球の有限性が明らかになった現在，私たちが環境問題の道徳的側面を考えるにあたって，他者危害の原理（功利主義者ミルによって明確化されたが，功利主義者に限らず，自由主義者であれば誰もが支持するものだろう）を持ち出せばそれで済むという段階にはない。危害と自由とをどのように調整するかが問われる。

さらに，環境破壊の影響は人間以外の存在にも関わるので，加藤尚武のいうところの「自然の生存権」について，すなわち，自然環境やそこで生きる生物に対して私たちが加えている危害についても考える必要がある。だが，動植物や生態系が被る危害を，私たちはどこまで真剣に配慮する必要があるのだろうか。アルド・レオポルド（第4章を参照）は「山の身になって考える」ことの必要性を訴えたが，結局のところこれは比喩表現であって，私たち人間にとって便利で安全な状態に自然を保つことを訴えているにすぎず，人間以外の存在が被る危害についてなど考えてはいないのではないだろうか。

・・

最後の人間論

この点について，リチャード・ロートリーが1973年に提示した**最後の人間論**（The Last Man Argument）という思考実験を取り上げてみよう。これは，地球上で最後の一人となった人間が，自然を破壊しようとする場面を想定することから始まる。この人物が自然を破壊したとしても，それによって被害者となる人間はもういない。ロートリーの見解では，最後の人間の行為は西洋の伝統的な価値観である「基本的〔人間〕優越主義に従えば全く問題がないが，環境の観点からは間違っている」（Routley 1973: 207，引用者訳。〔　〕内は引用者による補足）。

なぜ，人間優越主義（序章で説明された「人間中心主義」に相当）では問題がないのかといえば，それは自然には生存や存続を望む意識や関心がなく，たとえ破壊したり殺したりしても，危害を与えたことにはならないとされるためである。動物の苦痛が気になるのであれば，この破壊行為が，何らかの方法で動物をいっさい苦しめることなく達成されるという設定を付け加えてよい。

最後の人間が自然を破壊することは間違っているという彼の見解に同意し，しかも人間優越主義によってその根拠を示すことができないのであれば，非－人間中心主義が必要である，という結論に私たちを導くことがロートリーの狙いである。

非－人間中心主義では，人間の都合や評価から独立した自然の価値，すなわち「内在的価値（intrinsic value）」や自然の権利が環境保護の根拠として持ち出される。しかし，価値が私たちの評価ぬきに存在すると想定することや，自然に権利があると主張することは，自然破壊に反対すること以上にハードルが高い。最後の人間が自然を破壊することに道徳的な不快感や違和感を覚える人は多いかもしれないが，非－人間中心主義を受け入れることにまで同意する人は，ロートリーの期待よりもずっと少ないだろう。

••

道徳と規制，道徳と行為

ここで懸念されるのは，危害が加えられているわけでもないのに，不快感や違和感を根拠に誰かの行為を規制するようなことが，また別の倫理的問題を引き起こすのではないかということである。しかし，私たちの道徳的判断は，すべてが危害と制度に結びつくわけでもない。たとえば，理由もなく他人を見下す態度を，私たちは道徳的に好ましいとは思わない。自分の子どもや友人がそうした態度をとれば諫めるだろうし，親や恩師であればおおいに失望するだろう。これは，彼らの言動により見下された相手が危害を被らなかったとしても同じである（危害が伴えば，私たちの拒絶反応はより激しいものとなるだろうが）。また，たとえそうした態度を好ましくないと思っていても，だからといって他者を見下すものを罰すべく，人々の言動を監視して抑圧的に規制するような制度を歓迎するわけではない。

加藤尚武は仏教について，一木一草にも仏性を認める仏教は自然保護にとって重要だという主張を批判的に取り上げ，「人間が自然の生物を殺害してもいい許容限度を示すのでないならば，自然保護には役立たない」と述べている（加藤 1996：349）。この背景にあるのは，第1章でもふれられていた，環境倫理学は「法律や制度などすべての取り決めの基礎的前提を明らかにする」という見解だろう（加藤 1993：131）。加藤が述べる作業が倫理学の重要な務めであることは確かだが，それが倫理学のすべてではない。最後の人間の行為を禁止する根拠を見出せないからといって，道徳的に非難すること自体が間違っているということにはならないのであり，危害の有無や生じた危害との因果関係が明確でない環境問題についても，同じことが当てはまる。

••

行為者の性格

制度によって私たちの行為は規制されるが，その制度を定めるのも私たちである。負担が増えるにもかかわらず，社会保障を充実させるためという理由から増税を支持する人もいれば，自身は経済的に余裕があるにもかかわらず，貧困層の負担増を懸念して増税に反対するという人もいる。私たちは確かに利害を重視しているが，それだけに基づいて社会を営んではおらず，人々のもつ価値観や性格も重要な役割を果たしている。そうであれば，環境保護のためにはどのような価値観や性格が望ましいのかを検討することは，法案や規制の作成のような直接的なものではないにせよ，間接的に，そしてもしかしたら根本的に，環境保護を促進することにつながりうる。その成果は，ロートリーが気にかける人間以外の存在にだけでなく，私たち人類の健康や安全，アメニティにも及ぶはずだ。

最初の環境徳倫理学の論文と目されるトーマス・ヒル・ジュニアの1983年の論文も，趣味に合わないからと敷地内の巨木を切り倒してアスファルトで地面を固めてしまう近隣住人の例や，レッドウッドの林を切り崩したことを弁明して，同じ種類の植物は一本あれば十分だという主旨の言葉を繰り返し述べたカリフォルニア州知事の例を取り上げている（Hill Jr. 1983: 211）。ヒル・ジュニアは，そうした行為を糾弾する根拠を自然の利害や宗教に求めるのではなく，そのような行いをする人々の性格に焦点を当てて検討することを提案している。

3｜相対主義と実践——環境徳倫理学の課題

…

コモンズの悲劇

ところで，人を殺してはいけない，あるいは他人のものを盗んではいけないといった倫理学の規範は原則として普遍的であることが要請される。それに対して，望ましい生き方や性格というものは，濃密な文化的背景をもつように思われる。だとすると，近代倫理学が宗教や文化の差異を乗り越えようとしてきたのに対して，徳倫理学はそれに逆行して，ローカルな**相対主義**へと回帰しているのではないだろうか。局地的な環境問題だけでなく，気候変動のようなグローバルな現象も検討する環境徳倫理学にとって，これは無視することができない懸念である。

この点を考えるために，今度は**コモンズの悲劇**を題材に考えてみよう。これは，コモンズ（たとえば共有の牧草地）を利用している羊飼いたちが，自分の収入を増やすために持ち込む羊を増やすという些細ではあれど利己的な行為を積み重ねていくことで，いずれ牧草地が過放牧状態になってしまうように，共有資源が適切に管理されないことで資源の状態が劣化し，やがて破局が訪れる状況を指す。

ギャレット・ハーディンの同名論文によって広く知られるようになったコモンズの悲劇だが，実際のコモンズ，少なくとも長期間にわたって存続しているコモンズには使用ルールが設けられており，誰もが好き勝手に利用できるわけではなく，ハーディン論文はコモンズの実態を反映していないと批判されてきた。コモンズのルールからは，自然への敬意や配慮といった環境徳が読み取れる場合もあり，その運営には実践知と呼べるものも関わっている。しかし，水産資源の乱獲や温室効果ガスの排出といったグローバルな環境問題では，そうしたルール整備や関連した実践知の発揮が十分になされているとは言い難い。海洋や大気といったグローバル・コモンズにおいてコモンズの悲劇は成立しうる。

•••

コモンセンス道徳の悲劇

ところが，倫理学と心理学・脳科学とを組み合わせた学際的研究を行っているジョシュア・グリーンは，こうした問題をコモンズの悲劇と捉えることは適切でなく，本当は**コモンセンス道徳の悲劇**なのだと指摘する。社会的生物としての私たちの脳は，利己的な欲求をおさえて自集団の利益を優先させることを受け入れやすいように，つまり「私対私たち」という対立において私利を抑制するコモンセンス（常識）として道徳を発展させてきた。しかし，私たちが直面している社会問題の多くは，「私たち対彼ら」である。そして，私たちの脳はこのタイプの問題に対して，道徳的直観に基づいて適切に対応できるようには進化してこなかったとグリーンは論じる（グリーン 2015：29-35）。

「私たち対彼ら」という図式は，グローバルな規模の問題では特に顕著である。たとえば，資源管理や気候変動をめぐって対立する国家間や民族間の対立がすぐに思い浮かぶ。グリーンの議論も基本的には，こうした問題を念頭に置いて展開されている。しかしながら，国内政治や局所的な環境問題でも，同様の図式は成り立つ。国民や地域集団は常に一枚岩ではなく，所得や職業，民族，宗教，そして時には政治的傾向や年代などで，自分たちを簡単に「私たち」と

「彼ら」へと分類し，分断させてしまう。

問題なのは，「私たち」の内部ではコモンセンス道徳が比較的うまく機能することが多くても，「私たち対彼ら」の場合にはお互いの道徳的直観が衝突してしまいがちだということである。そこで，グリーンは直観ではなく計算に基づく功利主義（彼自身は，功利主義は「とても耳障りな，誤解を招きやすい言葉」なので，「深遠な実用主義」と呼ぶよう提唱している（グリーン 2015：200））を問題解決のための理論として支持している。グリーンの議論は，主に功利主義と義務論の対立という観点から述べられているが，彼の問題提起は徳倫理学にも大きく関わる。グリーンによると「アリストテレスとその亜流」である徳倫理学は，異なるコモンセンス道徳を支持する集団間の対立については「お手上げ」だとされる（グリーン 2015：443-444）。

•••

徳倫理学と相対主義

それでは，徳倫理学者は義務論者と手を携えて，功利主義に鞍替えすべきなのだろうか。ハーストハウスも「行為功利主義の側は，今直ちに道徳相対主義や懐疑主義の不安に脅かされるということはないけれど，徳倫理学の側は，義務論と共にその脅威に晒されている」と述べている（ハーストハウス 2014：51）。

確かに文化によって，想定される理想的な人生の細部は大きく異なるだろう。しかし，私たちは同じような生物学的な身体をもっており，文化的背景がどうであれ，清潔で安定した自然環境を必要としている。理論上はともかく実際上は，私たちが追い求める徳や実践知，そして人間的幸福といったものが，根本的な部分でどれほど違うのかは定かでない。「今日ではほとんどいかなる文化集団も，相対主義の議論が前提とするほどには自己自身の内側の伝統に焦点をあてていないし，他の諸文化から孤立してもいない」（ヌスバウム 2015：135）のだ。事実，アリストテレスの著作には女性を見下す記述が見られるが，それを土台に徳倫理学の議論を展開しているハーストハウスやヌスバウムといった女性哲学者たちは，当然ながらアリストテレスの女性蔑視を引き継いではいない。特定の文化や時代状況にルーツをもつ徳についての考察は，解釈や修正によって，他の文化や時代にも通じるものとなりうるのである。環境徳倫理学はこうした解釈・修正という課題を引き受けることが求められる。

・・・

徳倫理学と実践

ところで，徳の語彙が濃密な文化的背景をもつということは，それだけ私たちに訴える力が強いということでもある。東日本大震災の直後,「絆」や「トモダチ」といった言葉がマスコミやSNSで拡散したが，こうした言葉は人権や功利といった用語に比べると，確かに具体的な生活様式や人間関係が思い浮かびやすい。これらの言葉が含んでいるであろう「友愛や家族愛，幸福という深遠な概念」(53頁) が，人々を動かしたり支えたりしたことに，疑いの余地はないように思われる。

その一方で，震災直後から福島県民に対する差別的な言動が散見されており，さらには復興政策や被災者支援がますます手薄になってきている。また，エネルギー政策をめぐっては，被災者を置き去りにしたままイデオロギー対立に明け暮れている面も一部にはある。こうした事例は，震災直後に流通した「深遠な概念」を示すはずの言葉を，浅薄で空疎なものにしてしまう。耳あたりのよい徳の語彙を流通させたことで，私たちは一時的な慰みを得たにすぎず，環境保護や持続的なエネルギー政策のための効果的で長期的な実践から意識を逸らされてしまっているのだろうか。そうだとすれば，環境徳についての議論に気を取られることも，むしろ悪徳だということになりかねない。環境徳倫理学が，環境保護の実践を支えるものとなるためには，環境への望ましい態度や性格についての私たちの考え方を，具体的な問題解決のための実践へと結びつけて検討することが必要なのだろう。

参考文献

アナス，J　2015「古代の倫理学と現代の道徳」納富信留・三浦太一訳，加藤尚武・児玉聡編・監訳『徳倫理学基本論文集』勁草書房，151-180頁

加藤尚武　1993『21世紀のエチカ——応用倫理学のすすめ』未來社

——　1996『技術と人間の倫理』日本放送出版協会

グリーン，J　2015『モラル・トライブズ』上下巻，竹田円訳，岩波書店

シンガー，P　2014『あなたが救える命——世界の貧困を終わらせるために今すぐできる

こと』児玉聡・石川涼子訳，勁草書房

スワントン，C　2015「徳倫理学の定義」稲村一隆訳，D･C･ラッセル編『ケンブリッジ・コンパニオン　徳倫理学』立花幸司監訳，春秋社，479-513頁

ヌスバウム，M　2015「相対的ではない徳」渡辺邦夫訳，加藤尚武・児玉聡編・監訳，前掲書，105-149頁

ハーストハウス，R　2014『徳倫理学について』土橋茂樹訳，知泉書館

Barnes, J. 1984. *The Complete Works of Aristotle: the revised Oxford translation*, vol. 1 and 2, Princeton University Press, Princeton: N. J.

Hill Jr., T. 1983. Ideals of Human Excellence and Preserving Natural Environments. *Environmental Ethics* 5 (3) : 211-224

Routley, R. 1973. Is There a Need for a New, an Environmental, Ethics? *Proceeding of the Fifteenth World Congress of Philosophy* 205-210

Case Study｜ケーススタディ3

吉野川可動堰建設に対する住民運動
徳倫理学の視点から環境保護運動を考える

徳倫理学と実践

十分な徳を備えていない私たちは，環境問題のように複雑な事柄を考えるときに自問自答するだけでは判断を誤ることもありうる。そこで，ロールモデルとなる人物や集団の言動を検討することは，環境徳倫理学の有益なアプローチのひとつとなりうる。ここでは，吉野川可動堰建設計画をめぐる地域住民の活動をケーススタディとして取り上げる。

吉野川可動堰問題

四国三県を流れる吉野川の河口から14kmほど離れたあたりに，第十堰がある（第十は徳島の地名であり，10番目の堰ということではない）。江戸時代に設置された第十堰は，青石（緑泥片岩）を積み重ねてつくられているが，徳島の良質な青石は「阿波青石」として知られ，徳島城建築にも使われている。この青石を使って江戸時代に設置され，今なお機能している第十堰には高い文化的・歴史的価値がある。ところが，これを撤去して巨大な可動堰をつくるという話が1980年代から1990年代にかけて持ち上がってきた。老朽化などの理由により，従来の第十堰では150年に一度の規模の洪水が起きたときに決壊の恐れがあるというのが，建設省（現在の国土交通省）の説明だった。

しかし，この説明に疑いをもち，また可動堰によって生態系が損なわれることを懸念した住民は，勉強会を重ねるなどして，建設省のデータや検証方法に不備があることを明らかにした。また，住民の要請に応じて建設省が行った公開実験では，決壊を引き起こすとされた現象のひとつが実際には起きる可能性が低いことが示されるなど，可動堰を必要とする根拠が切り崩されていったのである。

可動堰の必要性に疑問をもつ住民は，住民投票を求める署名を市の有権者のおよそ半数にあたる10万筆以上集めたが，住民投票実施は市議会で否決されてしまう。それならばと市議選で住民投票に賛成する候補を当選させるが，それでも議会では，住民投票の投票率が50%以上でなければ開票しないという条件を突きつけられてしまう。結局，2000年に実施された住民投票は，投票率およそ55%，うち可動堰建設への反対票が90%を超えるという結果となった。その後，可動堰完全中止を公約とする候補が徳島県知事に就任し，いまだ可動堰推進を訴える徳島県知事，徳島市長は誕生していない。

環境保護の実現

可動堰が建設された場合，地元住民の経済や安全に不利益が生じるのか，生じたとしてどの程度のものかは明らかでないので，これを理由に中止を訴えたとしても，さほど効果的ではなかっただろう。むしろ，建設業者など一部の住民には経済的利益をもたらしていたはずである。また，自然の権利や内在的価値といった地元の人々に馴染みの薄い概念を用いて呼びかけたとしても，多数の有権者を納得させることができたか疑わしい。

可動堰建設中止を訴えた住民運動の中心メンバーの著作を見ると「川から水を取り去り，あとは洪水を捨てるための巨大な排水路とみなす近代治水思想」への批判的な視点（姫野 2012：27）や，「我々は，『自然』という自分の『外』の世界とつながることによって，はじめて立ち位置の確認ができる」（村上 2013：193）といった自然観が垣間見える。むろん，住民のすべてがこうした思想を自覚的に共有していたわけではない。しかし，地域住民の間で上記のような自然に対する謙虚さや敬意，そして自然との関わりのなかで培われてきた地域の文化や遺産への愛着が広く共有されていなければ，可動堰建設中止を求める運動がこれほど支持されることはなかっただろう。

Case Study ｜ ケーススタディ3

また，前述の経緯を見ると，彼らが自然への敬意や愛着だけを頼りに可動堰建設の中止を訴えていたのであれば，二重三重の抵抗を前にその主張は打ち消されてしまっていた可能性が高い。吉野川の運動が成功を収めたのは，住民たちが専門的な勉強に取り組む知的な態度をもち，粘り強く運動を続ける我慢強さを備えて，かつ高い投票率を要求されるなどの政治的困難にぶつかったときに，問題解決のための勇敢さや豊かな発想力を発揮したからである。

さらに，前述の市議選の選挙活動では，彼らは住民投票を求める署名に関わった人々の名簿を選挙活動に流用せず，選挙活動の助けとなりうる組織票の強い政党とも距離を取った。それどころか，彼らは「住民投票は『対話の入口』」（姫野 2012：140）というスタンスをとり，あくまでも住民投票で民意を問うことを求め，反対ありきの活動となることを避けた。ここに見られるのは「市民を『利用する』のではなく，市民の英知を『信用する』」（村上 2013：99）という姿勢である。その一方で，正論を振りかざすだけで成果を挙げられずに玉砕する「ガス抜き」（村上 2013：80）に終わらないよう，効果的な戦術を練り上げていった。

社会の複雑さのなかで，それぞれの局面で求められる振る舞いを適切に行い，しかもそこでは他者を利用するのではなく，信頼するという姿勢を崩さなかったこの運動は，環境問題における倫理的な実践活動のひとつの模範を示しているように思われる。

参考文献

姫野雅義　2012『第十堰日誌』七つ森書館
村上稔　2013『希望を捨てない市民政治』緑風出版

Active Learning　アクティブラーニング 3

Q.1

自然との関わりにおける徳を挙げてみよう。

環境保護にはどのような徳が求められるだろうか。できるだけ多く書き出してみよう。時間があれば他の人と，お互いが挙げた徳について，どのような場面で求められる徳か，またその徳を発揮するうえで問題となることはどのようなことか，話し合ってみよう。

Q.2

徳倫理学の古典文献を読んでみよう。

『ニコマコス倫理学』第2巻（岩波文庫版であれば上巻，69-104頁）を読んで，アリストテレスが徳というものをどのように考えていたかを学ぼう。面白いと思ったポイント，あるいは納得のいかないポイントについて文章にまとめてみよう。

Q.3

身近な環境保護運動を調査してみよう。

あなたが暮らしている市町村や，かつて住んでいたことがある地域，国などでどのような環境保護運動が行われているだろうか。ひとつ取り上げ，その活動を効果的に行うための環境徳，あるいは欠けている環境徳が何か，調査したうえでレポートにまとめてみよう。

Q.4

環境保護の活動家の自伝・評伝を読んでみよう。

環境徳倫理学ではレイチェル・カーソンや，アルド・レオポルドなど，環境徳のロールモデルとして挙げられる人物がいる。彼らをはじめとする著名な環境保護の活動家の評伝を読んで，彼らの徳や実践知，あるいは彼らでさえももっていた悪徳などについてレポートにまとめてみよう。

第Ⅱ部

「自然」と環境倫理学

第4章

土地倫理

アメリカの環境倫理学の出発点

太田和彦

本章では，アメリカの環境倫理学の源流のひとつといえる「土地倫理」が，提唱者のアルド・レオポルドによってどのように語られてきたのかについて学ぶ。土地倫理の，自然物の価値を粗雑な経済的尺度のみで測ることをやめ，倫理的・審美的観点からもその価値を考慮すべきであるという主張は，1970年代初頭に再発見され，アメリカとオーストラリアの環境倫理学の方向性に大きな影響を与えた。その一方でこれまでの解説書では，レオポルドが土地倫理を提唱した背景について十分ふれないまま，印象的な引用句のみが独り歩きし，称賛されたり非難されたりする傾向がある。そこで，本章では土地倫理が収録されているエッセイ集『野生のうたが聞こえる』の全体像を概観することによって，土地倫理の内容とそれが提唱されるに至った背景を探る。また，近年のマルチスピーシーズの議論を，土地倫理の発想と地続きのものとして位置づける。

KEYWORDS #アルド・レオポルド #土地倫理 #生態学 #所有権 #土地の健康 #マルチスピーシーズ

1｜環境倫理学の源流としての土地倫理

本章では，**アルド・レオポルド**（1887-1948）が1949年に刊行したエッセイ集『砂土地方の四季――スケッチところどころ（*A Sand County Almanac and Sketches Here and There*）』（邦題は『野生のうたが聞こえる』）のなかで提唱した「**土地倫理**（land ethic）」の解説を行う。

土地倫理とは，①人間は他の動物，植物，岩，土壌，水を含む統合された「土地（land）」という共同体（community）の関わりのなかで存在している，②人間は，この共同体の特別ではないメンバー，一市民である，③したがって，私たちには，この土地という共同体が長期にわたって「健康的であること」を，つまり「自己再生能力」を保つように，一貫して行動する道徳的な責任がある，という一連の見解と主張をもつ倫理的立場である。

これは環境倫理学の教科書では必ず言及される定番の内容である。本章ではこの土地倫理をレオポルドのテキストに沿ってあらためて紹介する。それには大きく2つの理由がある。

ひとつは，この土地倫理が，アメリカとオーストラリアの環境倫理学の方向性に大きな影響を与えた（そして今後も与え続けるであろう）枠組みでありながら，論者によって多様な解釈がなされており，本来のレオポルドの意図が見えにくくなっているからである。

土地倫理は1970年代初頭に再発見され，環境倫理学の源流として位置づけられた。その先導者の一人が，ベアード・キャリコットである。キャリコットは1971年に初めて環境倫理学の講座を開いた，この分野の創始者とでもいうべき哲学者で，『「土地倫理」を擁護して』のなかで，レオポルドの著作を形而上学的に整理し，土地倫理を「非－人間中心主義的で」「全体論的な」環境倫理学の基礎に位置づけた（Callicott 1989）。キャリコットによるレオポルド解釈は広く周知されるところとなり，レオポルドは一躍，「環境倫理学の祖」として評価されるようになった。しかし，上記の解釈はレオポルドの思想というよりもキャリコットが持論を展開するために再構成したものという性格が強い。近年では，レオポルドの立場はむしろ「長い射程をもった人間中心主義」（ノートン 2019），あるいは，生態学的良心に基づく「管理術」の思想というべきもの（開 2007）と解釈されている。このように環境倫理学の文献のなかで援用される土地倫理の解釈の幅はかなり大きい。そのため，本章では『野生のうたが聞こえる』の全体像を示すことによって，レオポルドの本来の意図を明らかにしたい。

もうひとつの理由は，これまでの解説書には，レオポルドが土地倫理を提唱した背景について十分ふれないまま，印象的な引用句のみを紹介して終わるという傾向があったためである。たとえば，次の2つの節は土地倫理のエッセンスとして頻繁に引用されている。

> 「土地が〔人間を含む動植物からなる〕ひとつの共同体であることは生態学の基本概念だが，その土地が愛され，尊敬されてしかるべきだと考えることは，倫理の延長である」(Leopold 1949：vii-ix，レオポルド 1997：5-6，〔　〕は引用者による補足)。
> 「物事は，共同体の全体性，安定性，美しさを保つ傾向があるときは妥当であり，そうでない場合には間違っている」(Leopold 1949：224-225，レオポルド 1997：349)。

しかし，これらの主張がどのような文脈のなかでなされたものかについての言及は十分でないことが多く，各論者がもっぱら自分の立場を補強するためにレオポルドの著作を引用することで，土地倫理の誤解と「神話化」を招いていることが指摘されている（Millstein 2018）。

そこで，本章では，土地倫理がどのような文脈で登場したのかを，『野生のうたが聞こえる』全体の内容を確認することによって探っていく。つまり，同書の第3部「自然保護を考える」に所収されている「土地倫理」だけでなく，第1部「砂土地方の四季」で綴られるウィスコンシン州の郊外でのレオポルドの農場生活，第2部「スケッチところどころ」で綴られるアメリカの各地でなされた1900年代から40年代までのさまざまな自然保護運動に対するレオポルドの専門家としての意見を読むことによって，土地倫理がどのような経験と問題意識のもとで，何を捉えようとして発案されたものであるかを捉えていく。

2｜土地倫理の概要

『野生のうたが聞こえる』を読み始める前に，レオポルドの土地倫理の概要について確認しよう。冒頭で挙げた通り，レオポルドの主張は，大きく以下の3点にまとめられる。

① 人間は他の動物，植物，岩，土壌，水を含む統合された「土地」という共同体の関わりのなかで存在している（Leopold 1949：204，レオポルド 1997：318）。

② 人間という種の役割は，この共同体の「征服者（conqueror）」ではなく，「特別ではないメンバー，一市民（plain member and citizen）」である（Leopold 1949：204，レオポルド 1997：319）。

③ したがって，私たちには，土地という共同体が長期にわたって「健康的であること（health）」を，つまり「自己再生能力（capacity for self-renewal）」を保つように，一貫して行動する道徳的な責任がある（Leopold 1949：221，レオポルド 1997：343）。

土地という共同体

まず，①について。レオポルドは，これまで人間の間でのみ成り立っていた共同体という単位を，土地を含むものへと拡張した場合の倫理として，土地倫理を位置づけている。彼は倫理を，自己利益を追求する個人の日常生活を制約する規範的な理想の集合体として理解していた。個人は自分にとって都合のよいことをする傾向がある。そのため，共同体の他のメンバーや共同体そのもののよきあり方を考慮するために，個々のメンバーの利己的関心を広げるべきである，というのがレオポルドの基本的な指針である（Leopold 1949：204，レオポルド 1997：318）。そのため，土地倫理は，個人の利益とその個人が属するところの共同体のよきあり方が衝突する場面に焦点を当てている。

土地という共同体の特別ではないメンバーとしての人間

次に，②について。土地倫理の理論的基礎のひとつは，**生態学**的な世界の見方（特に有機体モデルと栄養ピラミッド）にある。「人間が土地という共同体の征服者ではなく，特別ではないメンバー，一市民であるということは歴史を生態学の立場から解釈してみれば当然の結論だ。歴史上の出来事の多くは，これまでは，人間の企ての結果としてしか解釈されてこなかったが，実際には，人間と土地との，生物を媒介にした相互作用の結果だったのである。土地の特性は，そこに住む人間の特性と同じように，こうした出来事に強い影響を及ぼしていたのだ」（Leopold 1949：205，レオポルド 1997：320）というレオポルドの提起は，当時としては革新的なものであった。今日では，そのような見方は『銃・病原菌・鉄』（ダイアモンド 2000）や『サピエンス全史』（ハラリ 2016）をはじめとする人類史の再解釈をテーマとしたベストセラーを通じて広く浸透しつつある。

••

土地という共同体のメンバーの一人としての，土地の健康を維持する責任

そして，③について。土地倫理の担い手として想定されているのは，その土地を私有地として所有する人々である。アメリカでは，個人が土地を所有し利用する権利（**所有権**）は広く認められるべきである，という考え方が浸透しているため，個人の所有地が乱用されることを防止するために，制度や法律によって規制をかけることは困難であった。そのため，土地所有者の倫理に訴えることで――土地を，自身を含む共同体と見なし，長期にわたってその自己再生能力が保たれるように行動するよう呼びかけることで――土地の荒廃を食い止めることが土地倫理の狙いにある。この点で，序章で紹介されている「スチュワードシップ」への訴えと目的を共有している（トンプソン 2017）。

ここでのポイントは，土地倫理がその実現を目標とする「**土地の健康**」という概念である。1944年の報告書「自然保護――全体の保護か，部分の保護か」（Leopold 1991）で，レオポルドは次のように主張する。従来の経済的な動機に基づく自然保護では，換金可能な一部の生産物だけに価値が付与される。しかし，生態系の安定は種の多様性がなければ維持できない。そのため，土壌や水，植物，動物を含めて共同体としての「土地」という単位で捉え，土地の自己再生能力（「土地の健康」）にこそ注目する必要がある。

この主張は，『野生のうたが聞こえる』において通底している。

「適切な土地利用のあり方を単なる経済的な問題ととらえる考え方を捨てる必要

> がある。ひとつひとつの問題点を検討する際に，経済的に好都合かという観点だけでなく，倫理的，美的観点から見ても妥当であるかどうかを検討してみよう。物事は，生物の共同体の全体性，安定性，美しさを保つものであれば妥当だし，そうでない場合は間違っているのだ」(Leopold 1949：224-225，レオポルド 1997：349)。

この節は土地倫理を要約する格言ではなく，土地の健康を評価するときに「全体性，安定性，美しさ」に着目すべきことを指摘する節なのである。

土地倫理を提起するレオポルドの知見が，生態学的な知見に強く裏打ちされていることは先に述べたが，このレオポルドの生態学的知見の背景には，「遷移(succession)」や「極相（climax)」といった考え方を提唱した生態学者のクレメンツ，「食物連鎖（food chain)」の用語を発案したエルトン，そして神秘思想家のウスペンスキーらの知見があることが指摘されている（ノートン 2019)。つまり，「全体性」とは単なる部分の総和ではなく，競争や相互依存を含む動的な統一を指し，「安定性」とは静的または不変の状態ではなく，さまざまな経路とレベルで栄養循環を機能させる能力を示し，そして「美しさ」とは，ある個物の美しさではなく，全体が調和した神秘的な美しさ（レオポルドはそれを測ったり予測したりできない，土地に不可欠の本質を意味する「ヌーメノン（numenon)」という言葉でそれを表現する（Leopold 1949：134，レオポルド 1997：217)）を意味している。

それでは，レオポルドが土地倫理をどのような背景や経験のもとで述べているのかを，『野生のうたが聞こえる』から読み解こう。

3｜『野生のうたが聞こえる』を読む

「はじめに」を読む

「はじめに」では，同書の成り立ちについて述べられている。レオポルドは同書を「野生の事物がないと暮らしていけない者の喜びとジレンマとを綴ったエッセイ集」(Leopold 1949：vii，レオポルド 1997：3）と位置づけている。「喜び」とはガンの観察やオキナグサを見つけることであり，「ジレンマ」とは野生の領域を侵食する機械化のおかげで朝食の心配をせずに済むようになり，科学の進展のおかげで動植物の起源や生態に関するドラマが明らかになったからこそ，野生の事物に価値を見出す余裕が生まれたという点を指す。レオポルドは同書で，素朴に人間活動と自然を切り離して，人間の影響の及ばない原生自然を守るための方法を提言しようとしているのではない。急速に進む社会の機械産業化の恩恵を直接的にも間接的にも受けつつもなお，文化に寄与する美的収穫を野生から得続けるための方法，そして自然保護団体の足並みを揃えるための方法の枠組みとして，土地倫理は案出されたのである（Leopold 1949：viii，レオポルド 1997：5）。

本章の最初にまとめた土地倫理の意図は，「はじめに」の内容をふまえることで正しく理解できる。

まず，土地倫理の前提である，①人間は他の動物，植物，岩，土壌，水を含む統合された「土地」という共同体の関わりのなかで存在しているという認識について。「はじめに」を読むと，土地が共同体（community）である，という主張は，土地が商品（commodity）であるという見方と対置されたものであるということが分かる。繰り返しになるが，土地倫理の狙いは，主にその土地の所有者が，土地に何らかの仕方で手を加えるときの態度を改めさせることにある。「土地は，人間が所有する商品とみなされているため，とかく身勝手に扱われている。人間が土地を，自らも所属する共同体とみなすようになれば，もっと愛情と尊敬を込めた扱いをするようになるだろう」（Leopold 1949：viii，レオポルド 1997：5）という一節は，土地倫理全体の戦略を述べたものであるといえる。

次に，②人間は，この共同体の「特別ではないメンバー，一市民」であるという主張について。レオポルドは，アメリカ西南部での森林管理官として，そしてウィスコンシン大学で「狩猟鳥獣管理」の講義と研究を受けもつ大学教授として働いた（この課程は1933年に彼のために創設されたもので，彼は生涯を通してここで教鞭をとりつづけた）。彼は，土地とそこに生息する動植物群の全てを人間が所有する「商品」と見なす経済学的な見方とも，人間自身もそのメンバーの一員として所属する「共同体」として土地を見なす生態学的な見方とも接しながら仕事をしてきたのである。

そして，③土地の所有者には，土地という共同体が長期にわたって「健康であること」，すなわち「自己再生能力」を保つように行動する責任がある，という土地倫理の中心的な主張について。「はじめに」では，レオポルドが否定すべきと考える健康についての言及がある。

「『より大きく，より便利に』を目指す社会は，いわば心気症〔自分の健康状態に過剰にこだわり，重大な病気にかかっているのではないかと思うあまり，不安や苦痛を感じる精神障害〕にかかっており，経済的な健康をやみくもに願うあまり，真の健康の維持ができない姿に追い込まれている」(Leopold 1949 : ix, レオポルド 1997 : 6, 〔　〕は引用者による補足)。

レオポルドは，経済的指標のみによって土地（私有地）を評価することを一貫して批判する。それでは，土地の健康を管理するための基礎資料として求められる，「健康な土地がひとつの有機体として自己を維持する，その全体像の把握」(Leopold 1949 : 196, レオポルド 1997 : 307）を行うには，どのように土地と接することが求められるのか。それをうかがうことができるのが，続く第1部である。

•••

第1部「砂土地方の四季」を読む

第1部「砂土地方の四季」に収められたエッセイは，レオポルド自身の農場での四季を通じた自然体験の数多くのエピソードから構成されている。単純な要約は避けるが，いくつかの特徴を見て取ることができる。

その重要な特徴のひとつが，雄大な自然のパノラマではなく，散歩道や渓流，教会の裏の墓地，農場の裏庭で咲く草花や，鳴きかわす鳥などの日常的に接する自然についての描写の豊富さである。一つひとつの草木や鳥の名前が記載され，開花時期や個体数の記録が添えられている。たとえば，「7月」の章の「大いなる領地」では，農場で毎朝なされる鳥の鳴き声の観察が次のように語られている。

「午前3時半，私は，7月の朝としてはまず合格と言えそうな威儀を正して，小屋の戸口から歩み出る。領主のしるしとして，片手にはコーヒーポット，もう片方の手にはノートを持っている。そして，ベンチに腰を降ろし，白く消え残る明けの明星のほうを向く。（中略）3時35分，一番近くにいるヒメドリが澄んだテノールでさえずりはじめ，バンクスマツの林は，北は川岸のところまで，南は昔の馬車道のところまで自分のものだと宣言する。すると，声のとどく範囲にいるほかのヒメドリたちも，一羽また一羽と，それぞれの縄張りを主張する。（中略）ヒメドリたちの日課が完全に終わらないうちに，大きなニレの木にとまったコマツグミが，先だって氷雨まじりの嵐で大枝が折れてできた木の股やそれに付随する権利の一切合切を主張する。（中略）コマツグミの，しつこく陽気なさえずりに，アメリカムクドリモドキが目を覚ます。（中略）シメ，ツグミモドキ，キイロアメリカムシクイ，ブルーバード，モズモドキ，トウヒチョウ，ショウジョウコウカンチョウたちも，いっせいにこの騒ぎに参加する。私はこの鳥たちのさえずる順序，最初に鳴きはじめる時間を真剣にメモしてリストにしていたのだが，書く手が乱れ，ついにはやめてしまった。どれが先なのか，もう，聞き分けがつかなくなってしまったからだ」（Leopold 1949：41-43，レオポルド 1997：74-77）。

土地の共同体といったときにレオポルドが想定している事柄をうかがい知るうえで，これらの記述は重要である。その土地の共同体の個々のメンバーの具体的なあり方への注意深さ（care）は，土地倫理（とりわけ，レオポルドが「生態学的な良心」と呼ぶもの）が論じられる際の前提となっている。

もうひとつが，風景を通して歴史を見出す視点である。最初は具体的な動植物の観察から始まり，次第にそれらが生活する周囲の自然へと，そしてそれらに生態学や歴史が結びついた想像の世界へと話が広がり，最後に人間を含む動植物の諸活動の相互関係がひとつの舞台のように提示される。たとえば「2月」の章の「良質のオーク」では，落雷で枯れたオークを薪にして，暖炉で燃やすところから次のようなエピソードが綴られる。

「今，薪載せ台の上であかあかと燃えているこのオークは，もとは砂丘の上へと続く旧移民街道に生えていたものだった。幹の直径は，切り倒したときに測ってみたら，30インチ（約76センチ）あった。年輪は80本。ということは，もとの若木に初めて年輪ができたのは1865年，つまり南北戦争の終わった年のことだったに相違ない。だが，現在の若木の生長実績から，毎年冬になるとウサギに皮をむかれながらも，翌年の夏のあいだには必ずまた新芽をふくというくり返しを10年以上続けたオークでなくては，ウサギの背丈よりも高く成長しないことが分かっている。（中略）私のオークが年輪を刻みはじめた1860年代半ばには，ウサギの繁殖率が低かったのではなかろうか。（中略）まだ幌馬車が，すぐそこの移民街道を「大北西部」に向かって通り過ぎていった頃だ。ひっきりなしに移民たちの往来があり，土手の草が擦り切れて土がむき出しになったからこそ，〔このオークの種子である〕ドングリは初めての葉を広げて陽光を浴びることができたのだろう。（中略）80回もの大吹雪をくぐり抜け，オークのなかに閉じ込められていた太陽エネルギーが，斧と鋸の力で解き放たれ，今こうしてぼくの小屋と心とを暖めてくれているのだ。関係者なら誰でも，私の煙突から吹き出る煙を見るたびに，ここでは過去の太陽の光まで無駄なく利用している証とみなすに違いない」(Leopold 1949 : 6-7, レオポルド 1997 : 22-23,〔　〕は引用者による補足)。

長期的視野で土地の共同体の流動性を捉えること，人為的な変化も含むその土地の共同体の履歴を，具体物の観察と知識，想像を通じて捉えることは，これから人間がどのようにその土地の共同体と関わるべきなのかという観点から，管理のあり方を考える枠組みとなる。土地倫理の目的である「土地が健康であることの維持」を実現するための管理術を論じるにあたり，レオポルドは，その土地の来歴を知識だけではなく，感情を通じても捉えることの重要性を，いくつもの著作や大学の講義で繰り返し強調している（岩崎 2012)。

•••

第2部「スケッチところどころ」を読む

野生生物の保護において，捕食者が担う生態学的な役割の認識を促すものとして，第2部「スケッチところどころ」から最もよく引用されているエピソードのひとつに「山の身になって考える（Thinking like a mountain)」が挙げられる。1920年代半ば，肉食動物が減れば，より多くのシカが育ち，素晴らしい狩猟体験ができると誰もが考えていたため，クマやオオカミは目の敵にされていた。しかしある日，レオポルドは自身が撃ち殺したオオカミの「彼女の目の中で死につつある凶暴な緑色の炎」を見て，捕食者を減らす管理方法に疑念を抱くに至る。レオポルドは次のように続ける。

「そのとき以来，私は州がオオカミを根絶やしにした後，どのような状態になるかを見るために生きてきた。(中略) 南向きの斜面に新しいシカの踏跡が迷路のようにできて，しわのような模様がついていくのを見てきた。食べやすい低木や若芽が残らずシカにかじられて，最初は干からび，やがて枯れていく様子を観察してきた。食べられる木はみな，ウマの鞍頭の高さまでの葉がすっかりなくなっていた。(中略) 挙句の果てには，獲物として期待されながら増えすぎたせいで餓死したシカたちの骨が，枯死したセージの幹とともに野ざらしになり，あるいは背の高いビャクシンの下で朽ち果てていった。(中略) ウシについても同じことが言える。自分の土地のオオカミを根絶やしにするウシ飼いは，その土地の広さに応じてシカの数を間引くというオオカミの仕事を引き継いだことに気づいていない。山の身になって考えることを学んでいないのだ。だから，旱魃地帯や，未来〔の生態系を養う表土〕を海へと洗い流してしまう川が次々と増えていくのである」(Leopold 1949：130-132，レオポルド 1997：206-207，〔　〕は引用者による補足)。

「山の身になって考える」ということは，生態系の要素が，否応なく，深い相互接続性のなかにあることの理解を意味する（今日，それは「栄養カスケード」として知られている)。レオポルドは，オオカミの根絶によって引き起こされる生態系への深刻な影響と土地の荒廃に目を向けることを強く求めている。同時に彼は，家畜を守るために，捕食者数を制御する必要性があることも認識している。レオポルドが批判しているのは，捕食者の過剰な制御であり，人間の影響を消し去ることを求めているわけではない。

この観点は，国立公園内に大規模ダムをつくることの可否を論じたヘッチ・ヘッチー論争を止揚するものであるといえる。天然資源の有効な利用を重視する「保全主義」の立場からダム建設を容認する，連邦政府の森林局長官ギフォード・ピンショーと，自然の倫理的・審美的な重要性を唱える「保存主義」の立場からダム建設に反対する，シエラ・クラブの創設者ジョン・ミューアの論争は，今日までつながる2つの自然観の対立の原点にある。レオポルドは，ピンショーの影響を受ける形で，森林管理官または生態学者として，生物群集がどのように機能し，生態系を維持するかを理解することに生涯の多くの時間を費やした。その結論が，「〔土地倫理は〕土地の健康に対する個人の責任を反映したものである」(Leopold 1949：221，レオポルド 1997：343，〔　〕は引用者による補足）というものである。ここで言及されている「個人」とは，特に民間の土地所有者を指す。繰り返しになるが，土地倫理は持続可能な仕方で土地を管理するように人々を動機づけることを目的として生まれた。そのため，土地利用の態度を改善することにより，そこに住む人々にとって実用的な「保全」の利益をもたらすこと，結果に基づいて改善策の視点を評価することが暗黙のうちに肯定されている。ただし，経済的評価だけで望ましい状態を維持することはできないという観点は，「保存」の意義を確かなものとしている。

4｜土地倫理の現在

最後に，現在話題を集めている「**マルチスピーシーズ**」の議論を紹介する。これは土地倫理の発想と地続きのように思われる。というのも，マルチスピーシーズは，人間以外の動植物種を，人間と分離した静的な資源や象徴として見なすのではなく，人間を含む動植物種間で動的に絡み合いながら，それらがともに生きる生活圏を構成するものと見なす観点を指すからである。人類学や民俗学，都市計画学などの分野で議論がなされており，邦訳されている『伴侶種宣言』（イヌと人間）や，『マツタケ』（マツタケと人間）は，マルチスピーシーズの観点を理解する助けとなる（ハラウェイ 2013，チン 2019）。

環境倫理学の視点から捉えれば，マルチスピーシーズは，人間以外の動植物種にとっての影響（それは相互作用の結果，否応なく人間自身にも影響を与える）を十分に考慮せずに，人間にとっての幸福のみを追求した結果，気候変動や大気汚染，土壌流亡，生物多様性の減少に至る，広範囲の生態学的な損害を引き起こしたという観点を提供するだろう。これは，レオポルドの「土地という共同体の健康」の実現を目的とする土地倫理の現代版といえる。同時に，マルチスピーシーズの観点は，都市に住む私たちの生活がどれほど多くの動植物種との直接的・間接的な連関――家族のイヌ，窓の外でさえずるスズメ，花粉を媒介するミツバチ，そして数百兆の腸内細菌――で成り立っているかをふりかえるきっかけともなる。私たちはどのような「共同体」の一員であり，どのようにその「健康」を管理する責任を負うのだろうか。土地倫理は，今もなお私たちに問い続けている。

参考文献

岩崎茜　2012「アルド・レオポルドの土地倫理――知的過程と感情的過程の融合としての自然保護思想」一橋大学（学位論文）
ダイアモンド，J　2000『銃・病原菌・鉄――1万3000年にわたる人類史の謎』上下巻，倉骨彰訳，草思社
チン，A　2019『マツタケ――不確定な時代を生きる術』赤嶺淳訳，みすず書房
トンプソン，P・B　2017『〈土〉という精神――アメリカの環境倫理と農業』太田和彦訳，農林統計出版
ノートン，B　2019「レオポルドの土地倫理の一貫性」寺本剛訳，A・ライト／W・カッツ編『哲学は環境問題に使えるのか――環境プラグマティズムの挑戦』岡本裕一朗・田中朋弘監訳，慶應義塾大学出版会，102-126頁
ハラウェイ，D　2013『伴侶種宣言――犬と人の「重要な他者性」』永野文香訳，以文社
ハラリ，Y・N　2016『サピエンス全史――文明の構造と人類の幸福』上下巻，柴田裕之訳，河出書房新社
開龍美　2007「管理術としての土地倫理」『Artes Liberales』81：159-178
レオポルド，A　1997『野生のうたが聞こえる』新島義昭訳，講談社学術文庫
Callicott, J. B. 1989. *In Defense of the Land Ethic: Essays in Environmental Philosophy*. Suny Press
Leopold, A. 1949. *Sand County Almanac and Sketches Here and There*. Oxford University Press
―― 1991. Conservation: In Whole or in Part. In S. Flader & J. Callicott（eds.）, *The River of the Mother of God and Other Essays by Aldo Leopold*. University of Wisconsin, pp.310-319
Millstein, R. L. 2018. Debunking Myths about Aldo Leopold's Land Ethic. *Biological Conservation* 217: 391-396

Case Study｜ケーススタディ4

観光と土地倫理
観光客はどのように土地と関わるべきなのか

今日，土地倫理が参照される現場のひとつが観光地である。インドネシア・バリ島のウブドなどでは，水や土壌などの自然条件を維持し，人々の日常的・宗教的な交流の場でもあり，同時に観光資源でもある伝統的な広場や景観が，来訪する多くの観光客に対応する過程で機能不全に陥る事例が報告されている（Brata et al. 2019）。これらの事例は，たとえば，ボルネオの熱帯雨林の違法伐採のように明らかに土地の健康を毀損している場合とは異なり，一見，「共同体の全体性，安定性，美しさを保つ」ような形で直接的・間接的な改変がなされるため，その深刻さに気づくことは容易ではない。

土地が健康であること，土地の自己再生能力の維持に，ある広場や景観が不可欠であることが地域のコミュニティで共有されているにもかかわらず，それらが観光によって機能不全に陥る背景にはいくつかの原因がある。ひとつは，経済成長に過度に重点を置く地域行政の観光部門の施策である。たとえば，大型リゾートホテルの誘致など，地域の生態系と雇用を一変させるような観光開発は土地倫理の観点からすると，その土地を経済的価値のみで評価することで，結果的にその土地の経済的価値を損なうものとして批判できる。もうひとつは，広場や景観の外見を変えないようにすることがコミュニティに利益をもたらす対象であると見なされ，あからさまではない介入がなされる場合である。これに対して住人が異論を表明することは，前者のそれよりも困難である。たとえば，先述のバリ島のウブドでは，宗教的価値のある植物がエキゾチックな観賞用植物に植え替えられたり，車椅子で移動する人のためにと凹凸のある場所が舗装されたりと，観光地としてのさまざまな改変が加えられているが，それらを肯定的に評価する人がいる一方で，少なからぬ住民が無力感を抱いているという報告がなされている。

UNWTO（国連世界観光機関）が2019年に発表した統計によると，2018年の国際観光客の総数は14億人を超えており，観光が土地に与える影響は無視できない。本章の最後に述べた通り，都市に住む私たちもまた，離れた複数の土地にまたがる共同体の健康に，観光を含む多様な消費活動を通じて（否応なしに）関わっているという観点は，レオポルドが土地倫理を提唱してから70年余りが経った今，より重要性を増しているといえるだろう。

参考文献

Brata, I. B., I. B. Seloka & I. B. N. Wartha 2019. Commodification of Traditional Open Spaces as a Commodity and the Consequent Damage of Environmental Ethics (Case Study in Ubud Village Bali Indonesia). *Open Journal of Ecology* 9 (6):1-6

Active Learning ｜ アクティブラーニング 4

Q.1

地域計画に土地倫理を適用することについて話し合ってみよう。

メンバーを4人以上集め，次の4つの役を割り振り，地元の町の今後のあり方について話し合ってみよう。①人間だけでなく，他の動植物にとっても生活しやすい町にすることを重視。土地の利用方法の制限に積極的（レオポルドの立場），②金銭的利益を重視。ベンチャーに悪影響を及ぼす土地利用の制限には消極的（経済人の立場），③土地をどう利用するかは個人の自由に任せるべき（アメリカの伝統的な所有権重視の立場），④最大多数の最大幸福を重視。多くの人にとっての最良を実現したい（功利主義者の立場）。

Q.2

土地倫理が提唱されるまでのアメリカの歴史を遡って調べてみよう。

特に，1920年代の第一次世界大戦による好景気とイタリアなどからの移民の大移住によってアメリカが迎えた大量生産・大量消費による繁栄と，1930年代に起こった「ダスト・ボウル」（土壌劣化のためにアメリカ中西部の大平原地帯で発生した砂嵐）と「大恐慌」（ウォール街での株価大暴落から生じた大不況）という苦境が，レオポルドの経済観にどのような影響を与えたか考えてみよう。

Q.3

『野生のうたが聞こえる』をABDで読んでみよう。

本を読むのが苦手な場合は，何人かを集めて，アクティブ・ブック・ダイアローグ（ABD）を行ってみよう（ABDのやり方は公式WEBサイトを参照のこと）。要約をつくるよりも，レオポルドの文章のなかで気に入った部分を引用して紹介しあおう。

Q.4

ナッシュ『自然の権利——環境倫理の文明史』を読んでみよう。

この本では，レオポルドがエマーソンやソロー，ミューア，ピンショー，そしてダーウィンなどの先行する思想家からどのような影響を受けて土地倫理を提唱し，その土地倫理がキャリコットらの紹介を通じて環境倫理にどのような影響を与えたかが多くの文献とともに紹介されている。環境倫理学の大きな流れを体感してみよう（松野弘訳，ミネルヴァ書房，2011年）。

第5章

自然の権利
生き物が人間を訴えた裁判が目指すもの

佐久間淳子

1995年，鹿児島地方裁判所に風変わりな裁判が起こされた。奄美大島で計画されているゴルフ場開発を止めてほしいと，アマミノクロウサギなど野生生物4種が，鹿児島県知事を訴えたのである。ゴルフ場開発によって，棲み処である山野が改変されるのは，我々野生生物にとって死活問題だ，自然には自然のままにある権利があるだろう，開発をやめよ，という訴えだ。これが，日本で初めての自然の権利訴訟である。もちろん，動物が実際に裁判所に出向いたわけではなく，裁判を起こした人間の原告たちが，訴状の原告欄に野生生物の名前（標準和名）をともに連ねたのである。法解釈の側面だけから考えると，動物が主体となって人を訴えるというのは常識外れで論外な提訴だが，「自然は誰のものなのか」「誰に自然を守る義務/権利があるのか」「誰のために自然を守るべきなのか」など，いくつもの問いを投げかけた裁判だった。以後17年の間に約30件の自然の権利訴訟が各地で起こされたのは，共通する問題意識を持った人たちが少なからずいることを示している。本章では，奄美自然の権利訴訟をはじめとする4つの自然の権利訴訟と，同時期に起こされた2つの自然保護訴訟を手がかりに，人と自然のかかわりあいを捉え，守るべき自然を人がどのように考えているのかを考える。

KEYWORDS #裁判 #自然保護 #市民訴訟条項 #野生生物 #原告適格 #よそ者 #建設反対運動 #里山 #地元

1｜自然の権利訴訟とは

・

動物原告に託された，守りたい自然

本章では，自然物を原告として行われた「自然の権利」訴訟について学ぶ。**裁判**や訴訟などと聞いても，ピンとこない人が多いだろう。日本では，めったなことでは裁判に関わることはない。せいぜいドラマで「訴えてやる！」と怒鳴るシーンや，ニュースで流れる法廷風景のスケッチが思い出される程度かもしれない。それは人生経験を積んだ大人でも同じだ。まして，自然を保護するために裁判を起こそう，という思いつきは，かなりハードルが高い。そのうえ，日本の法制度では原告として認められるはずのない動物の名をわざわざ連ねるなど，「いったい何を考えているんだ？」「ふざけるな！」という話になる。

しかし，提訴した人はいずれも大真面目である。本章では，「何を考えて」動物原告を思いつき，実際に訴状の原告欄にその名を連ねたのか，人間原告たちの意図を読み解きながら，**自然保護**の実践例として紹介したい（図5-1，表5-1。本章に登場する裁判については，「自然の権利」セミナー編 1998，2003を参照した）。

自然保護の現場では，保護活動は3種類に区別されている。1つ目は開発のような人為的改変を食い止めるprotection（広く「保護」を指す）であり，現状のまま何も手を加えないpreservation（「保存」と訳される）と，本来のその土地の生態系の望ましい姿を維持するために人が適宜手を加えるconservation（「保全」と訳される）である。本章で取り上げた自然の権利訴訟は，いずれもが開発差し止めを求めた裁判なので，protectionである。

・

アメリカでの実践例

アメリカでは，protectionのため，つまり自然を開発から守るための戦術として，自然を原告に加えて開発業者や企業，行政を訴える自然保護訴訟が，1970年代に始まった。

そのきっかけとなった裁判は，1965年に始まった「シエラ・クラブ対モートン事件」である。アメリカではこのように，裁判を原告名対被告名で呼ぶ習慣がある。シエラ・クラブは自然保護団体で，ウォルト・ディズニー社のリゾー

ト開発計画を止めるべく，開発許可を出したロジャース・モートン内務長官にその取り消しを求めたのだった。しかし，一審，二審，そして最高裁判所もまた「同団体には原告適格がない」として1972年に却下されてしまった。その最高裁判決の際に，担当する裁判官の1人で判決とは異なる意見を持っていたウィリアム・ダグラス判事が「シエラ・クラブに原告適格を認めるべき」「この裁判の原告は，（シエラ・クラブではなく）ミネラルキング渓谷であるべきだった」と意見書に盛り込んだ。

ダグラス判事は判決の少し前に公表された，法哲学者クリストファー・ストーンの論文「樹木の当事者適格（Should Tree Have Standing?）」（1972年）を随所に引用している。その要点は，権利が時代とともに拡張されてきた経緯から考えると自然物にも拡張するのは順当である，ということと，自然物にも法人格を認めうる，ということを主張している。「権利の拡張」といってもピンとこないだろうが，たとえば選挙権が女性にも認められるようになったのは20世紀になってからである。米国では，白人だけでなく黒人にも投票権が認められたのは1965年である。また，まだ生まれていない，母親のお腹のなかにいる胎児をも原告とすることができるし，その代弁者をたてることが可能だとしている。であるならば，樹木に権利が拡張されたとして，その権利が侵害されれば，妨害の排除，回復，損害賠償が認められるべきである，したがって裁判の原告ともなりえるし，それを人が代弁することにも無理はない，というわけだ。

いささか飛躍が感じられるが，米国ではこれをきっかけとして，1973年に制定された絶滅危惧種保護法（Endangered Spicies Act: ESA）によって，絶滅の恐れのある種に対する侵害行為に対して誰も（any person）が差し止め訴訟を起こす資格をあらかじめ付与された。これを**市民訴訟条項**といい，これがあるがために，以後，自然保護団体が原告となりうるし，そこに動物名があろうとなかろうと，訴状は受理されて裁判が始まる。

1978年に起こされた「パリーラ対ハワイ土地天然資源省事件」ではESAのもとでの**野生生物**への対処が象徴的に現れた。連邦裁判所は翌1979年に，原告パリーラ勝訴の判決を下したのだ。パリーラとはハワイ島にのみ生息する野鳥で，実際に訴訟を起こしたのは自然保護団体のシエラ・クラブとハワイ・オーデュボン協会である。

表5-1　動物原告，自然原告が表示された裁判（訴訟名も含む）

	訴訟名	提訴	人間以外の原告
①	奄美自然の権利訴訟	1995	アマミノクロウサギ，アマミヤマシギ，ルリカケス，オオトラツグミ（特別天然記念物ほか）
②	オオヒシクイ自然の権利訴訟	1995	オオヒシクイ（天然記念物）
③	諫早湾自然の権利訴訟	1996	ムツゴロウ，ハイガイ，ズグロカモメ，ハマシギ，シオマネキ，諫早湾（干潟と泉水海）
④	生田緑地・里山自然の権利訴訟	1997	ホンドタヌキ，ホンドギツネ，ギンヤンマ，カネコトタテグモ，ワレモコウ
⑤	やんばる訴訟	1996	
⑥	川と湖の訴訟	1998	
⑦	藤前自然の権利訴訟	1999	
⑧	徳山ダム裁判	1999	
⑨	高尾山天狗裁判	2000	オオタカ，ムササビ，ブナ，高尾山，八王子城跡
⑩	ポーラ箱根美術館工事中止等請求事件	2000	箱根小塚山在住のブナ林とそこに生息する生物たち
⑪	馬毛島自然の権利訴訟	2002	マゲシカ
⑫	インドネシア コトパンジャン・ダム被害者訴訟	2002	スマトラゾウ，スマトラトラ，マレーバクなど自然生態系（NGOインドネシア環境フォーラムWALHIが代弁）
⑬	沖縄ジュゴン自然の権利訴訟	2003	県民3名，日本の環境・平和団体，米国の自然保護団体
⑭	沖縄ノグチゲラ自然の権利訴訟	2003	米生物多様化センター（CBD）
⑮	名水真姿の池湧水と 歴史的環境を守る訴訟	2003	ゲンジボタル，ナガエミクリ
⑯	奄美ウミガメ自然の権利訴訟	2004	アカウミガメ，アオウミガメ
⑰	泡瀬干潟自然の権利訴訟	2005	ニライカナイゴウナ，ユンタクシジミ，ホソウミヒルモ，リュウキュウズタ，ムナグロ，泡瀬干潟
⑱	石垣島・白保自然の権利訴訟	2006	アオサンゴ，ヤエヤマコキクガシラコウモリ，一坪共有地主など
⑲	赤江浜自然の権利訴訟	2007	アカウミガメ，サーファー
⑳	沖縄命の森やんばる訴訟	2007	
㉑	上関自然の権利訴訟	2009	スナメリ，カンムリウミスズメ，ナメクジウオ，ヤシマイシン近似種，ナガシマツボ，スギモク
㉒	北見LOVEももんが訴訟	2009	
㉓	シロクマ公害調停，シロクマ裁判	2011	ホッキョクグマ
㉔	奄美嘉徳海岸ウミガメ訴訟	2019	

	訴訟名	提訴	主張，要求など
A	豊前火力発電所建設差止訴訟（豊前環境権裁判）	1973	作家・松下竜一による本人訴訟。『あしたの海』（松下 1979）で，シラサギの羽（翼）を付けた少女が証人として出廷し，「干潟を奪わないでくれ」と証言する法廷が描かれている。
B	相模大堰建設差止訴訟	1993	弁論にあたって原告が「アユになりかわって～」「コアジサシになりかわって～」と語り始めた。
C	大雪山のナキウサギ裁判	1996	ナキウサギを生態系の象徴として扱い，生物多様性条約を根拠に行政行為の違法性を訴えたが，弁護団は「自然の権利訴訟ではない」と表明した。

注）明確な動物原告の表示がある訴訟や調停に加えて，自然原告が表示されていなくても，「自然の権利」訴訟と見なせる訴訟を挙げた。なお，「裁判」と「訴訟」は厳密には使い分けられていない。
出所）筆者作成。

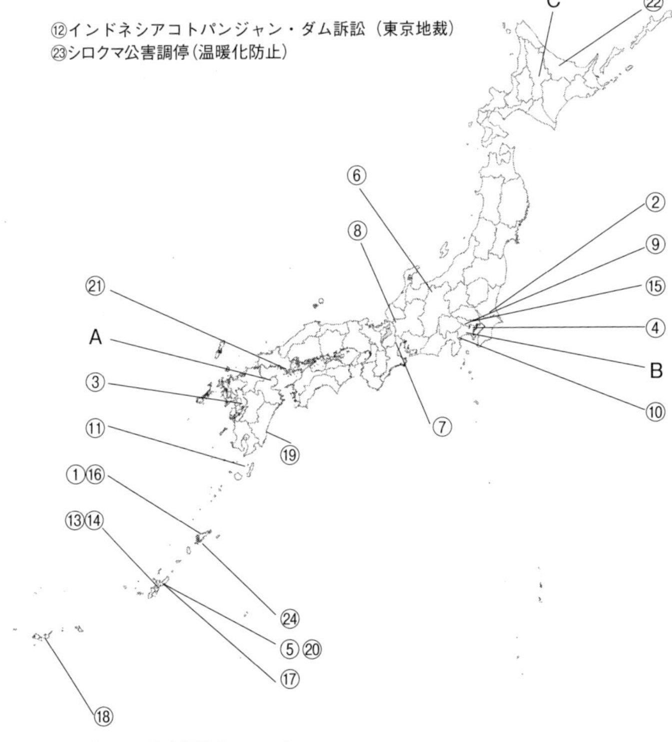

図5-1　自然の権利訴訟マップ

出所）自然の権利基金・日本環境法律家連盟の協力により筆者作成。

彼らが問題にしたのは，ハワイ島の固有種であり絶滅危惧種であるパリーラが，家畜の放牧によって生存の危機に見舞われている現状だった。どういうことかというと，この野鳥の主食とする実が成る木，これもまたハワイ諸島にのみ分布するマーマネという固有種なのだが，その分布は次第に減少しており，その原因のひとつが，放牧された羊による食害だとしたのである。ESAによって2団体とも原告適格ありと認められているため，裁判はすんなり本論に入ることができ，原告の訴えが認められ，被告には家畜の放牧を禁止する措置が求められた。「シエラ・クラブ対モートン事件」が同団体の原告適格についての議論で7年も費やした時代とは大きく変わったといえる。

2｜日本の代表的な自然の権利訴訟

日本で最初の自然の権利訴訟——アマミノクロウサギ訴訟

一方，日本の法制度では，裁判を起こす資格「**原告適格**」が厳しく制限されていて，直接的な利害関係がないと「原告に適格なし」として，門前払い（却下）される。奄美自然の権利訴訟のようにゴルフ場の建設計画の場合だと，敷地に隣接する土地を持っていてそこに直接経済的な被害が出る可能性があったり，せめて同じ市町村に住んでいたりしないと認められにくい。奄美大島の住民であるというだけでは，まったく不足なのだ。たとえ毎日のように野生生物の写真を撮りに森に通っていても，である。まして島外・県外の**よそ者**は論外だ。

そもそも，奄美大島を含む奄美群島には，特有の背景がある。第二次世界大戦後の米軍統治を経て1953年に本土復帰した後，島の人々は「奄美振興開発特別措置法」（1954年施行）のもとで，山野を削って広い舗装道路を造ったり，護岸工事をしたり，森の木々を伐りだして鉄道の枕木や紙パルプの原料として売ったりすることで島の生活を成り立たせてきた。自然をなくすことと自然から搾取することが，「島の正義」なのだ。

しかし原告たちは，緑豊かな深い森に生き物の賑わいがあってこそ，奄美らしさがあり，その森が削られ，生き物たちの気配が消えていくことは奄美大島に住む者のアイデンティティを奪われるに等しいと感じていた。このうえゴルフ場を造られてはたまらないと，**建設反対運動**に立ち上がったのだ。ただし島内で支持を集めることは困難を極めた。「島の正義」に反する行為だからである。

自然の権利訴訟を起こし，原告に動物を加える手法はアメリカの自然保護訴訟のスタイルを借りたが，1種ではなく4種選んだところに，原告たちの意図が現れている。奄美群島は，九州と沖縄諸島の中間に位置していて，数百万年をかけて独自の進化を遂げた固有種がいくつも生息している。鳥のアマミヤマシギだけはさらに南の沖縄島までの島々でも生息が観察されているが，ルリカケスは奄美大島と加計呂麻島，請島のみ，オオトラツグミは奄美大島でしか繁殖が確認されていない。哺乳動物のアマミノクロウサギは奄美大島と徳之島にしかいない，耳が長くない「ウサギらしくない」ウサギである。

原告を決めるにあたっては，カエルや虫，淡水魚，樹木や草，キノコやバクテリアまで名前があがっていた。それらは島の生態系を構成する生き物たちだった。なかでもアマミノクロウサギは，文化財保護法によって国の特別天然記念物第1号に指定された哺乳動物だが，国はその生息地を守ろうとしてくれない。奄美訴訟で動物原告となった4種は，人間原告らの行政に対する怒りをも表象しているのだ。

結果的に裁判所は，動物原告の扱いを曖昧なまま棚上げし，人間原告らについても原告適格がないとして却下してしまった。とはいえ，原告らの代理人として名を連ねた弁護士は67名に上り，新聞やテレビなどで「ウサギが人間を訴えた！」と取り上げられることによって，離島のゴルフ場開発問題が全国的に関心を持たれるようになった。そのうえ，現地検証が行われ，裁判官も奄美大島を訪れて，開発予定地の森などを歩いて，原告らの説明に耳を傾けた。自然保護の戦術としては，成功を収めたといえる。さらに，裁判の進行中に，開発会社の都合でゴルフ場開発が中止されたため，原告たちが目指した「ゴルフ場開発を止める」ことは，実現したのである。

••

ウサギに続いた生き物たち

奄美訴訟と同じ年の暮れに，ガンの仲間のオオヒシクイという渡り鳥が裁判を起こした。彼らは夏の間はシベリアやカムチャツカ半島で暮らし，冬が近づくと南下してきて，茨城県の霞ケ浦そばにやってくる。一部はさらに南を目指すのだが，そういう重要な中継地となっている場所の近くを新しい幹線道路，圏央道が通ることになった。音や光や振動などに神経質な彼らには，とても中継地として利用を続けられるような状況ではなくなってしまう。日本では国の天然記念物に指定しているから，県知事は鳥獣保護区に指定するなどしてしかるべき保護策をとるべきなのに何もしていない，と，オオヒシクイ基金（飯島博代表）とともにオオヒシクイが県知事を訴えた（オオヒシクイ自然の権利訴訟）。水戸地方裁判所は「オオヒシクイは人ではない」として人を原告にした裁判とオオヒシクイを原告にした裁判を分けたうえで，オオヒシクイには原告適格がないとして却下した。門前払いには変わりないのだが，オオヒシクイを野生生物と認識したうえで却下した点で，奄美訴訟よりも一歩踏み込んでオオヒシクイの存在を認めたことになる。

3番目となる諫早湾自然の権利訴訟では，魚のムツゴロウ，貝類のハイガイ，鳥のズグロカモメ・ハマシギ，カニのシオマネキ，そして泉水海（せんすいかい）（諫早湾の現地での呼び名）そのものが，原告となった。この裁判では，長崎県の諫早湾で進んでいた国営干拓事業の差し止めを求めた。諫早湾に広がっていた広大な干潟は，漁師だけでなく，誰もが日々の「おかず」を採りに気軽に入るところであり，子どもたちにとっては泥んこになって遊べる場所でもあった。原告の生物種の広がりと，生物ではなく海そのものが加わった点が注目される。ムツゴロウは食用魚であるから，「ムツゴロウを守れ」は「ムツゴロウを捕って食べ続けられる諫早湾を守れ」なのである。

••

さまざまな自然保護訴訟

ここまでの3つの訴訟は，地方の豊かな自然を守る目的が前面に打ち出されていたが，4つ目の訴訟，生田緑地・**里山**自然の権利訴訟は東京のベッドタウン，川崎市の住民たちが起こした裁判だった。市民の憩いの場，生田緑地に岡本太郎美術館の建設計画が持ち上がったことに対して，建設に先だって実施される環境アセスメントが適切に実施されなかったことなどを訴え出た。原告たちは，ホンドタヌキ・ホンドギツネ・ギンヤンマ・ワレモコウ・カネコトタテグモと，5種。昆虫，植物，クモが新たに原告に加わった。

奄美訴訟に続く訴訟では，「原告に加える人以外の原告」の選びようで，開発から守りたい自然の景観や生態系の多様性を表現する工夫が進んだと見てよいだろう。2000年に起こされたトンネル建設に反対する高尾山天狗裁判ではさらに八王子城跡も原告に加えられて，人以外の原告の意味合いはさらに広がった。

とはいえ，オオヒシクイ訴訟で裁判所が動物原告を分離裁判の後に却下し，残りの原告（人や団体）を対象にした裁判だけを続けるという対処法をとったことから，以後の裁判でこれが踏襲されるようになり，自然原告はあくまでも象徴的な意味合いと捉えられるようになった。また，あたりまえだが法廷では「自然には権利があるのか」という議論は行われていない。それでも，自然原告を加えた訴訟が絶えないのは，守りたい自然（開発させたくない自然環境）を表すものとして，違和感なく受け入れられたからだと考えられる。

その一方で，動物を加えずに人のみが原告であるにもかかわらず，藤前自然の権利訴訟と名乗る裁判も現れた。これは伊勢湾最奥部にある藤前干潟に持ち上がったごみの最終処分場建設計画を止めるべく愛知県民と名古屋市民が起こした裁判で，提訴後に建設計画は中止となった。

このように見てくると，日本における自然の権利訴訟の原告の人たちは，一面では物言わぬ自然の代弁を買って出たのと同時に，「自然を守りたいと思う人の，裁判に訴え出る権利」（市民訴訟条項）をも求めている，という解釈もできる。

こうした裁判を支えるのは，弁護士に加えて，生態学者などの十分な生態観察実績を持った専門家たちである。その生物にとって，開発がなされた場合にどのような被害がもたらされるのか，意見書を提出したり，裁判所が認めれば法廷で陳述したりするのだ。ここでいう被害とは，繁殖が阻害され，生息数が減り，固有種ならば絶滅の危機に近づく可能性が高い，といった内容である。原告によっては，原告なりにその動物の気持ちになって涙ながらに陳述する，という手法をとる人もいるが，裁判官の心証にどう作用するかは分からない。筆者としては，専門家の意見陳述の方により説得力があるように思う。

なお「自然には権利があるのか」について裁判のなかで議論されたわけではないが，各訴状や事前書面，意見陳述書には，それぞれの考えが述べられている。環境倫理からのアプローチで読み込み分析するには十分な文献だといえる。

••

動物の原告はいなくとも

奄美訴訟よりも前に，動物の原告こそいないものの，共通する考えで起こされた自然保護訴訟がいくつかある。1973年に火力発電所の建設中止を求め，海岸を埋めたてから守ろうと起こされた豊前環境権裁判がそれだ。地元に住む作家の松下竜一らが，弁護士に頼らずに起こした。松下は小説『あしたの海』のなかで，水辺で生活する鳥，シラサギの代理として背に白い翼を付けた少女を法廷に立たせている（松下 1979）。

1993年に起こされた相模大堰建設差止訴訟では，原告たちは「アユに成り代わって」と相模川に生息する野生動植物の名を前置きしながら弁論に臨んだ。

また，1996年に北海道で起こされた大雪山のナキウサギ裁判は，訴状に動物原告の名前こそないものの，道路の建設を止めるべくナキウサギを生態系の象徴として扱い，支援グループは「ナキウサギふぁんくらぶ」と名乗って裁判を支えた。訴えの内容としては，生物多様性条約（第6章参照）を根拠とした点が新しかった。

豊前裁判と相模大堰訴訟は訴えを棄却され，開発も進んでしまったが，ナキウサギ裁判は裁判の途中で道路の建設が中止されたため，訴えを取り下げた。

・・

裁判の利点と限界

動物たちに原告適格が認められることはないと分かっていても，動物などを原告に加える裁判が相次ぐのはなぜだろう。

法廷闘争の利点としては，破壊行為をする相手を問答無用で被告として法廷に引っ張り出し，尋問で答弁させることができるし，裁判所が必要と認めれば，被告にとって不都合な資料も提出させることができることだ。そうやってやめさせたい開発行為の問題点が明確に把握できる可能性もある。それを広く社会に知らせることで，社会的な後押しを得て，結果的に開発が止まることを期待もできる。そこに加えて，動物を原告に加えることによって人々の関心を惹くことができるのも，運動側にとっては利点といえる。

とはいえ，裁判を起こしただけでは開発は止まらない。オオヒシクイ，諫早，生田訴訟とも，裁判が進む間にも開発が進んでしまった。裁判という手法で一気に解決，というわけでもないのである。

ただ，自然保護訴訟の内実は「林地開発許可を取り消せ」とか，「公有水面埋立免許に関する費用を差し止めよ」といった，何とも味気ない地味なものであるから，守りたい自然の素晴らしさを伝える手がかりとして，動物をはじめとする原告に期待したともいえる。

3｜自然の権利と動物の権利，動物福祉

野生生物保護の考え方

先に紹介した自然の権利訴訟のなかで，動物原告について「4種」と表記していて，特定の一匹を原告としていないことに気づいただろうか。生物多様性や生態系保全を念頭においた自然保護運動では，野生生物の保護とは，個体（一匹一匹）の保護ではなく，その生態系に生息しているまとまり（地域個体群などと呼ぶ）を対象として，そのまとまりが健全に生息でき，従来通りに世代交代できる環境を確保する取り組みなのだ。

その場合，原則として人との接触を避けることが望ましい。体や巣に触れないことはもちろん，餌不足であっても給餌はしない。人の関与をできる限り排除し，自然が自然のままにあることを尊重し，それを著しく阻害する人の行為を排除することが，自然の権利を守ること，という考え方だ。これは，環境倫理学者にも馴染みやすい考え方のように思われる。

これに対して，ペット（現在ではコンパニオンアニマル＝伴侶動物＝家庭動物と呼ぶ）や家畜，実験動物など，人が飼育下において生殺与奪の権利を握っている動物については，動物の権利（アニマルライト）という考え方を用い，特定の個体の権利を尊重して動物福祉を実行すべき，とされる。

飼育下の動物には動物福祉を

飼育動物に適用される動物福祉では，一匹一匹の生活の質を重視する。ここでいう飼育動物には，人が野生生物を飼い慣らし家畜化して品種も確立された動物（イヌやネコ，ウシ，ブタ，ニワトリなど）だけでなく，かつて生息地で捕獲し，その後繁殖と世代交代が人の管理下で行われている動物園の生き物や実験動物も含まれる。

動物福祉の考え方では，飼育動物に次の5つの苦痛を与えないことが求められる。①飢えと渇き，②不快，③痛み・障害・病気，④恐怖や抑圧，⑤正常な行

動の抑制，である。肉牛のように，最終的には殺して肉をいただく対象であっても，絶命の瞬間までこれに則って接するべきとされている。死に至る過程から苦痛を完全に排除することはできないので，致死時間の短縮化とその努力を続けることが求められる。

畜産動物はライフサイクルのすべてが人の手中にあるので，動物福祉の必要性が日本でも認識されてきており，現在農林水産省が「アニマルウェルフェア」と呼んで定着を進めている。

野生下にある野生動物にも例外的に動物福祉が求められるケースがある。野外で傷病個体が発見され，獣医によって治療される（人の飼育下におかれる）場合である。治癒後に再放獣する場合は，極力人馴れを避けるなどの対処がなされ，野生復帰が難しい場合は終生飼育されることが多い。

イヌやネコは，人が長い年月をかけて家畜化した動物なので，人に飼われていない状態にあっても野生生物ではない。野生生物保護の見地からいうと，野良猫，野良犬が生態系に影響を及ぼすことは好ましくない。特にネコの場合は，野生鳥獣を捕食し繁殖するため，特に島嶼部で固有種の存続にとって大きな脅威となり，世界的に問題になっている。

ペット飼育や毛皮を採る目的で海外から導入された動物が野生化し，生態系への影響だけでなく，人の生活や農業に大きな被害が出て問題になっているケースもある。アライグマやヌートリアがその代表例で，特定外来生物による生態系等に係る被害の防止に関する法律（特定外来生物被害防止法）によって，駆除が求められ，販売・飼育が禁止されている。つまり野生状態の個体は捕まえて殺せということだ。

この点には動物好きの人の一部から強い反発があるが，環境問題として考えたときには，野生生物の生息状況を優先しなければ生態系保全は大変な困難に陥るため，やむをえないといえる。もちろん駆除にあたっては動物福祉が適用されるべきであろう。アライグマやヌートリアに罪はない。彼らを利用しようとし，無責任に放逐した人にこそ問題がある。

•••

愛護が招く混乱

日本では特に意識せずに「動物愛護」という言葉を「生き物を大切にするこ

と」全般に用いている。これは日本独特の言葉で，飼育動物（特にコンパニオンアニマル）にも野生生物にも用いるため，生態系保全を目標とする自然保護運動の認知が阻害されるケースが散見される。野生生物より身近な生き物である飼育下の動物への人の親しみの感情が優先されて，望ましい保全が進まないのだ。生態系を守ろうという主張である「自然の権利」と，個々の動物を守ろうという主張である「動物の権利」はまったく違うということを，よく理解しておいてほしい。

参考文献

伊勢田哲治　2008『動物からの倫理学入門』名古屋大学出版会

枝廣淳子　2018『アニマルウェルフェアとは何か——倫理的消費と食の安全』岩波書店

佐久間淳子　1995「原告となったアマミノクロウサギ——奄美大島のゴルフ場開発をめぐる『自然の権利』訴訟」『科学朝日』1995年9月号：38-42

——　2001「『運動』側から見る『自然の権利』」『水情報』2001年1月号：13-16

「自然の権利」セミナー編　1998『報告　日本の「自然の権利」運動』山洋社

——　2003『報告　日本の「自然の権利」運動』第2集，山洋社

野上隆生・石田勲　「動物たちが原告の主役——住民らと「自然の権利」初提訴へ　鹿児島」『朝日新聞』1995年2月23日夕刊1面

畠山武道　2008『アメリカの環境訴訟』北海道大学図書刊行会

松下竜一　1979『あしたの海』理論社

山村恒年　1989『自然保護の法と戦略』有斐閣

山村恒年・関根孝道　1996『自然の権利——法はどこまで自然を守れるか』信山社

Case Study ｜ ケーススタディ5

アマミノクロウサギの受難
開発から動物愛護まで

マングースという脅威

自然の権利訴訟において最初の動物原告となったアマミノクロウサギは，裁判を起こしたことで全国的に知られるようになり，ゴルフ場開発による生息域の圧迫からはひとまず解放されたのだが，その後，大きな2つの試練に見舞われた。

次なる脅威は，マングースだった。

マングースはアジア原産の肉食哺乳類だが，1979年に30匹ほどが奄美大島に放たれた。猛毒をもつヘビ・ハブを駆除する目的でのことである。奄美群島では，奄美大島，徳之島，加計呂麻島，請島，与路島の5島にハブが生息していて，1955年ごろには年間300件，1970～75年ごろには年間平均280件以上の人がハブに咬まれる被害があり，死亡する事例も珍しくなかった。そのため，ハブの駆除は島民にとって切実な問題であり，行政によって駆除目的で捕獲個体の買い上げ事業も行われてきている。ただし，マングースがハブの駆除に効果があるかというと科学的な根拠や実績の検証があるわけではない。根拠がないにもかかわらず，「善意と期待で」放たれたマングースたちは，野山に入り込み，アマミノクロウサギをはじめとする固有種を捕食し，農作物への被害をもたらしながら繁殖した。2000年には1万匹まで殖えたと推定されている。

このため，2000年には環境省那覇自然環境事務所によって「奄美大島におけるジャワマングース防除事業」が開始された。現在ではDNA分析によって種を（ジャワマングースではなく）フイリマングースと特定し直して，2005年に施行された外来生物被害防止法に基づいて防除事業がさらに強化された。捕獲方法としては，わなと探索犬が用いられ，2005年に2591匹が捕獲されたのをピークに，2014年には100匹以下に，2017年度には10匹，2018年度は1匹まで捕獲数が減り，2017年度末現在で島内の推定生息数は「50匹以下」となった。その一方で捕食されていた在来種の生息数が増加していることも確認されている。

マングースの脅威は「ほぼ」取り除くことができたといえるが，最初に導入されたのが30匹だったことから，決して安泰とはいえないのも事実である。

ノネコという脅威

マングースに続く脅威は，ネコである。

2018年，奄美市では「奄美大島における生態系保全のためのノネコ管理計画」を策定し，山中で野生化したネコ，「ノネコ」の捕獲を開始した。

いわゆるネコは，北アフリカから中近東に生息するヤマネコを起源とし，農耕の発達とともに主にネズミの駆除をさせるために飼い慣らされて誕生したイエネコを指す。狂犬病の予防注射が義務づけられたイヌと違い，ネコは半飼育状態に置かれることが多い。飼い主がはっきりしない（いない）状態で屋外で暮らすイエネコを野良猫と呼ぶが，ノネコは人里を離れ山林で自力で生活するようになったイエネコを指す。林道の奥で捨てられたネコがノネコ化するケースも多い。これらのノネコは，奄美大島であればケナガトゲネズミ，アマミノクロウサギの幼獣などを捕食し自活している。自動撮影で捉えられたノネコの映像から，彼らは1日に1匹以上の在来種の幼獣を食べていることが分かった。ネコの糞を採取・分析する研究からも，彼らの捕食の実態が見えてきた。2018年時点で，奄美大島には600～1200匹のノネコがいると推定された。

マングースの1万頭に比べれば，数字のうえでは駆除はたやすいように感じるかもしれない。しかし，ノネコを駆除して在来種を守ろうという計画は，島外から大きな反発を招いている。

Case Study　ケーススタディ5

愛猫家という脅威

ゴルフ場問題は特定企業の利益を求める開発行為であったから野生動物への同情も集まったし，マングース駆除は法律に支えられて十数年で効果を現した。

しかしノネコに関しては，少し様相が異なるのだ。

ネコには長い人とのかかわりあいがあるがために，ネコ好きでネコを飼っている人，家庭は多い。しかもネコ好きは自分が飼っている個体にとどまらず「ネコ」というだけで親近感を抱く傾向が強く，ましてノネコを駆除すると聞けば「殺させるものか」と強い使命感を示す。そのため，奄美大島でノネコ管理計画が公表された際には，ネコ愛護団体の呼びかけでネット署名がたちどころに5万筆集まった。

マングースと違って，ノネコは飼育を禁じる特定外来生物ではなく，緊急対策外来種とされているので，捕獲が殺処分を意味するわけではない。飼育を希望するならば引き取ることができる。実際に，奄美大島でのノネコ管理計画では，島内の5市町村が「奄美大島ねこ対策協議会」を作り，環境省が捕獲したノネコを一時的に飼養し，希望者に譲渡を行っている。わなによる捕獲は，1カ月にほんの数頭で推移しているようだから，10〜20人の飼い主候補がいれば，ノネコたちは滞りなくイエネコになるはずだ。ただし，気軽に飼い主になれるわけではない。譲渡を認められるには，再びノネコ化する可能性を防ぐために，屋内飼養を求められることと，飼いきれなくなって捨てたり保健所に引き取りを求めたりせず，終生飼養することを条件とし，動物愛護法で義務づけられている個体識別のためのマイクロチップを埋め込み，不妊手術を行うことを誓約書で調えることになる。これは，ネコ好きの人も動物福祉だけでなく生態系保全の一翼を担う一人であることを示している。単にネコが好きだから，というだけでは飼い主の資格は得られないのである。

先ほどの署名に名を連ねた人のなかで，明確に「私が飼うから殺すな」という意思表示をしたのはわずかに4人だったという。5万人がなんらかの形で「飼い主の斡旋」に乗り出したならば，奄美大島のノネコには明るい未来が約束されたも同然なのだが。

もし我々の社会に，野生生物には本来の生息域を保証し，人由来の影響を最小限に留めようという合意があれば，ネコ好きたちは「捕獲されたら飼いましょう」「飼い主を探しましょう」と応えるはずだが，奄美大島の管理計画に対しては「殺すな」「野に置け」「野生生物との共生を」という主張がなされている。

このような反発は，マングース1万頭が駆除，すなわち殺処分されたときには起きなかった。似たケースに，アライグマ（北米原産）の問題がある。アライグマは現在，日本では特定外来種に指定され，駆除の対象となっている。アニメ『あらいぐまラスカル』（1977年放映）で広く知られるようになり，幼獣ならではの愛らしさからペットとしてのニーズが生まれ，輸入されるようになった。しかし，もともと野生動物であり，両手（両前足）が器用なうえに気性が荒く，成長につれて飼いきれなくなった人が捨てたり，飼育環境から逃げ出したりしてしまう例が後を絶たず，畑を荒らすなどして生き延び，繁殖し，農作物被害や住宅被害を各地で引き起こすようになった。このため特定外来種に指定されたのだが，同時に飼育が禁止されているため，捕獲は殺処分を意味する。このためリストアップされたときに，一部の動物愛護団体から強い反発が起きた。「殺すな，行政が責任を持って終生飼育せよ」というものだった。

マングース，アライグマ，ノネコに対する社会の反応を比較すると，見たこともない，その存在すら知らなかった生物種よりも，日頃からより親しく接する機会のある生物種の方に親しみを感じ，肩を持ちたくなるようだ。

人の心理としてはこのような「えこひいき」は仕方のないことかもしれない

Case Study ｜ ケーススタディ5

が，これでは，生態系の保全，特に野生生物の保護はどうにも立ち行かないことになる。

ピーター・シンガーは，人間の苦痛だけが配慮され，他の動物の苦痛は配慮されないことを，「種差別（speciesism）」と呼んで批判しているが（シンガー1999: 71），他の動物種どうしについても，人間は差別をしている。身近な動物を保護しようという熱意には，そのような差別の要素があることに，もっと自覚的になってもよいだろう。

参考文献

小栗有子・星野一昭　2019『奄美のノネコ――猫の問いかけ』南方新社
シンガー，P　1999『実践の倫理』新版，山内友三郎・塚崎智監訳，昭和堂
マラ，P・P／C・サンテラ　2019『ネコ・かわいい殺し屋――生態系への影響を科学する』岡奈理子訳，築地書館
山田文雄　2017「奄美大島におけるマングース防除事業成功の見込み」『遺伝――生物の科学』71：26-33

Active Learning｜アクティブラーニング 5

Q.1

自然（物）に対して，「権利がある」と感じたことがあるだろうか？

いつ，どこで，どんな生き物に対して，どのように感じたか，なぜそう感じたかを書こう。それに対峙する人間の権利は，あるだろうか。

Q.2

「権利の拡張」を書き出してみよう。

本章に示した「権利の拡張」以外にも，いくつもの事例がある。日本史や世界史で学んだ範囲を振り返り，貧富，人種，性別，年齢などを手がかりに，順に書き出してみよう。

Q.3

気候変動を食い止めるために裁判を起こそう。

原告にふさわしい生き物として何を選ぶか。被告を誰にするか，そして，どんな点をどう訴えることにするか，考えてみよう。現行の法律に沿わなくてもかまわない。その原告の生態学的知見や習性，被告のどの行為が気候変動の深刻化の原因になっているか，3点ずつ書き出してみよう。

Q.4

ネコの味方？　アマミノクロウサギの味方？

ケーススタディを読んで，アマミノクロウサギの立場から，ネコ好きの人を訴える裁判を考えてみよう。自分の立場をどう説明し，ノネコをどうしてほしいか，証言台に立つつもりで台本を書こう。逆に，駆除されるノネコの立場で，アマミノクロウサギに反論を考えてみよう。

第6章

生物多様性

種の存続，生息地の維持，遺伝資源の確保

吉永明弘

本章では，まず生物多様性と生物多様性条約に関する最低限の知識を学ぶ。

第一に，「生物多様性（biodiversity）」とは，遺伝子の多様性，種の多様性，生態系の多様性といった，さまざまなレベルの多様性を包括した用語である。

第二に，「生物多様性条約」は，「気候変動枠組条約」や「砂漠化防止条約」と並ぶ，環境問題に関する代表的な条約（リオ3条約）である。自然問題に関する条約には，ラムサール条約（湿地），ボン条約（渡り鳥），ワシントン条約（野生動物），世界遺産条約などがあるが，それらが特定の対象の保全を目的としているのに対して，生物多様性条約はその対象が最も包括的なものである。

第三に，生物多様性条約に加盟している国々は，定期的に締約国会議（COP）を開き，そこで締約国が果たすべき義務の内容を「議定書」にまとめている。

第四に，生物多様性条約は南北問題に深く関連している。ここには，先進国が途上国の生物資源を搾取していること（バイオパイラシー）に対する，途上国側からの批判が反映されている。

最後に，環境倫理学の観点から，生物多様性の価値を問題にする。これは，なぜ生物多様性を保全しなければならないのか，という問いに答えることでもある。

KEYWORDS #生物多様性 #生物多様性条約 #バイオパイラシー #生態系サービス

1｜生物多様性とは何か

「生物多様性」という言葉の登場

「**生物多様性**（biodiversity）」という言葉は，1986年に，米国科学アカデミーとスミソニアン研究所によって開催されたフォーラムのタイトル（National Forum on BioDiversity）のなかで初めて用いられた。それまでは「生物学的多様性（biological diversity）」という，いかにも学術的な言葉だったが，保全生物学者のローゼンはここで，略語のつもりでbiological diversityからlogicalを取ったのだと述べている（タカーチ 2006：54）。このbiodiversityという言葉は評判がよく，世界的にしっかり定着したが，日本語の「生物多様性」という訳語は少し堅苦しく，そのためか日本ではあまり認知度が高くない。

それでも生物多様性という言葉は，保全生物学を中心に，いわゆる自然保護の分野でよく用いられるようになった。今では「自然保護」に代わって「生物多様性の保全」ということが多くなっている。しかしここで素朴な疑問が湧くかもしれない。「自然保護」の方が一般的には分かりやすいように思えるのに，なぜわざわざ「生物多様性の保全」という言葉を使わなければならないのか。

「自然」ではなく「生物多様性」を使う理由

日本を代表する自然保護団体である「日本自然保護協会（NACS-J）」は，団体名にこそ「自然保護」が使われているが，実はそこで保護しているものは，日本では「花鳥風月」と言い表される自然すべてではなく，そのうちのある特定のものに焦点を合わせている。日本自然保護協会は，「風」や「月」を直接に守ってはいない。具体的な保護の対象は，「生き物や，その生き物の居場所の多様性」である。それを一語で表現した言葉が，「生物多様性」なのである。

「生物多様性」には，①遺伝子の多様性，②種の多様性，③生態系の多様性という3つのレベルがある。まず，遺伝子の多様性とは，たとえば，同じアサリでも一つひとつ模様が違うことだ（個体の多様性といってもよいが，あとで遺伝子が問題になるので，ここでは遺伝子の多様性とする）。種の多様性については詳しい説明はいらないだろう。「絶滅危惧種」が問題になるのは，種の多様性を守るためである。最後に，生態系の多様性は，いろいろな山があり森があるということだ。生息地域（場）の多様性といってもよい。生物多様性は，少なくともこの3つのレベルの多様性を表す言葉である。

種の多様性を守るためには，熱帯雨林を保護することが第一になる。種の数でいえば熱帯雨林が圧倒的だからである。逆に都市部は種の多様性が低くなる。しかし，だからといって都市部を無視してよいことにはならない。都市という環境にもこれまでの経緯で住みついている生き物がいるからだ。一般には種の多様性が話題になるが，生態系（生息地域）の多様性という観点も重要である。多様な場所に，多様な生き物が住みついていることが大事なのである。

•

「生きものの賑わい」

ここまでで，natureではなく，biodiversityを使うことの意義が見えてきた。しかし，日本語ではやはり「自然」の方が一般的で，「生物多様性」はイメージが湧きづらいように思える。

この日本語の訳語の問題を追究しているのが，進化論生物学者の岸由二である。岸によれば，biodiversityという言葉を使うことで，natureという言葉を使っていたときとは世界の見え方が変わったのだという（岸 2014：16)。科学ジャーナリストのデヴィッド・タカーチも同様のことを述べている。

> 「〈生物多様性〉という用語は，生きかた，考えかた，感じかた，そして世界を知覚するしかたを具体化する——また，そのための行動を喧伝する」(タカーチ 2006：124)。
>
> 「〈生物多様性〉が辞書に取り入れられ，人々がこの言葉に反応し，この言葉が機能しているのは，私たちの一人ひとりがこの言葉に，自分たちの大切にしているものを見いだしているからである」(タカーチ 2006：104)。

ここから彼が，biodiversityという言葉の意義を，専門家だけでなく一般の人々にも訴える力があるという点に見出していることが分かる。

しかし，日本語の「生物多様性」からは，世界の見え方を変える力を感じない。またそこに大切なものが含まれているという印象も受けないだろう。そこで岸はbiodiversityを「生きものの賑わい」と訳すことを提案する。「生物多様性という言葉ではなく，生きものの賑わいという言葉で自然と対応するとき，私には，科学でも，従来の実利主義でもない窓が少し開いているような気がする」と岸はいう（岸 1996: 19）。岸は，「流域思考」という言葉を用いて，ランドスケープのなかで，足もとの大地のデコボコを感じながら，「生きものの賑わい」とともに暮らすことを提唱している。ここで岸は，種の多様性だけではなく場の多様性が重要だということをイメージ豊かに提示している（岸 2006）。

2｜生物多様性条約について

生物多様性条約の成立と日本の加盟

1992年にリオデジャネイロで開かれた「国連環境開発会議（地球サミット，リオサミット）」のなかでつくられた「**生物多様性条約**」は，生物多様性（biodiversity）に関する初めての条約である。厳密にいえば，条約名は「生物の多様性に関する条約（Convention on Biological Diversity: CBD）」だが，この条約によって生物多様性という言葉が，保全生物学や自然保護の分野だけでなく一般にも知られるようになった。では，この生物多様性条約はどのような条約なのか。

地球サミットでつくられた条約としては，温暖化などの気候変動に対応するための条約である気候変動枠組条約が有名である。また，時期はずれるが，1994年の砂漠化防止条約も有名な条約で，生物多様性条約はこれらに並ぶ，地球環境問題に関する代表的な条約（リオ3条約）として知られている。

生物多様性条約は，当初国際自然保護連合（IUCN）が条約の文案を起草し，のちに，国連環境計画が事務局となって本文をまとめた。1992年の地球サミットが始まる直前の5月22日に本文をつくり終えたことを宣言した。これを「採択」という。その後，各国がその枠組みに入る意志があることを表明する。それを「署名」という。さらに，各国の立法府（日本では国会）の同意を得る手続きに入る。これを「批准」という。批准を終えた国が一定数に達したとき，条約が「発効」される。生物多様性条約は50カ国の批准が終わった1993年12月29日に発効された。2019年現在では196もの国と地域が加盟している（アメリカ合衆国は署名はしたが批准していない）。

さて，条約は発効すると法的拘束力がそなわる。具体的には，加盟国はそれに相応する法律をつくることになる。日本は1993年に加盟し，その後，国レベルでは「生物多様性基本法」（2008年）と「生物多様性国家戦略」（第一次1995年，第二次2002年，第三次2007年，第四次2010年，現在は生物多様性国家戦略2012-2020）がつくられた。そのなかで，生物多様性の第一の危機（乱獲や開発による生物種の減少と生息地域の破壊），第二の危機（手入れがなくなったことによる里山の荒廃），第三の危機（化学物質と外来種の侵入による生態系の攪乱），第四の危機（地球温暖化による変化）が定義されている。地方自治体レベルでは各地で「生物多様性地域戦略」が策定されている。

• •

自然保護条約のなかでの位置づけ

ここで角度を変えて，いわゆる自然保護に関する条約のなかでの生物多様性条約の位置づけを見てみたい。自然保護に関する条約として有名なものに，1971年採択の世界遺産条約，1972年のラムサール条約，1973年のワシントン条約，1979年のボン条約がある。このうち世界遺産条約は顕著に普遍的価値をもった自然（世界自然遺産）のみを守る。ラムサール条約は湿地や水辺のみを保護する。ワシントン条約は絶滅危惧種の国際取引を規制する条約である（国内の絶滅危惧種は守れない）。ボン条約は渡り鳥やクジラなど国境を横断して移動する動物の保護に関する条約である（ボン条約は日本であまり知られていないが，それは日本が加盟していないからだ）。これらはすべて，特定の対象の保全を目的としている。それに対して，生物多様性条約は，生き物とその生息地のすべてを対象とする，最も包括的な条約になっている。

• •

締約国会議と議定書

生物多様性条約に加盟している国々は，2年に1回，締約国会議（Conference of Party: COP）を開いて，条約の具体的な中身を詰め，締約国が果たすべき義務の内容を「議定書（protocol）」としてまとめている。有名な議定書として，「バイオセーフティに関するカルタヘナ議定書」がある。現在，日本では，食品のパッケージに遺伝子組み換え作物を使っているかどうかを表示することが義務づけられているが，それは日本が「カルタヘナ議定書」に基づく「遺伝子組換え生物等規制法」（カルタヘナ法）を制定したことによる。また，日本の地名を冠した議定書として「名古屋議定書」がある。2010年，名古屋で生物多様性条約の第10回締約国会議（COP10）が開かれ，ここで決まったことが「愛知目標」および「名古屋議定書」としてまとめられた。この名古屋議定書は，「生物資源へのアクセスと利益配分（ABS）」についての議定書である。ABSは，生物多様性条約のある重要な側面に関わるので，条約の本文に即して詳しく説明したい。

••

経済条約としての生物多様性条約

実は，生物多様性条約は南北問題に深く関連する条約である。生物多様性条約の「第一条　目的」には次のように記されている。

> 「この条約は，①生物の多様性の保全，②その構成要素の持続可能な利用及び③遺伝資源の利用から生ずる利益の公正かつ衡平な配分をこの条約の関係規定に従って実現することを目的とする。この目的は，特に，遺伝資源の取得の適当な機会の提供及び関連のある技術の適当な移転（これらの提供及び移転は，当該遺伝資源及び当該関連のある技術についてのすべての権利を考慮して行う）並びに適当な資金供与の方法により達成する」（①②③の番号は引用者が付記）。

つまりこの条約は，生物多様性の保全と利用に関する条約であるとともに，生物資源へのアクセスと利益配分（ABS）の公正さに関する条約なのだ。ここには，先進国が途上国の生物資源を搾取していることに対する，途上国側からの批判が反映されている。196もの国と地域が加盟している理由（そしてアメリカ合衆国が批准していない理由）のひとつは，生物多様性条約が経済条約であることにある。倫理学の観点からすると，これは「環境正義」（環境をめぐる人々の間の公平性）に関わる問題である。

••

バイオパイラシー

ここでは，具体的な環境正義の訴えとして，「**バイオパイラシー**（biopiracy）」を紹介する。この言葉は直訳すると「生物学的な略奪」となる。インドの環境思想家バンダナ・シバは，これまで西洋人は植民地化によって略奪を繰り広げてきたが，現在では「特許」と「知的所有権」という名前で同様の略奪が行われていると批判する。著書『バイオパイラシー』のなかで，シバは，パプアニューギニアのハガハイ族の細胞と，パナマのグアミ族の細胞が，米国商務省長官によって特許化されているといった，衝撃的な例を紹介している。

> 「世界各地の植物の種子，薬用植物，民間医療の知識などはすべて『環境の一部』と定義され，さらに非科学的であると定義される。それによって，略奪行為が合法化・正当化されるからである」(シバ 2002：15)。

このような経済的な収奪と同時に，文化的な収奪も行われている。

> 「非西洋型知識体系が古来から築き上げてきた文化的かつ知的な共有財産は，西洋型知識体系によって着実に消去されつつある」(シバ 2002：16)。

これは「ローカルノレッジ」(地元に特有の知識) の喪失といえる。シバによれば，「『グローバル』という言葉は，人類共通の志向を代表するものではない。それは，ある特定の地域の偏狭な志向と文化を体現しているに過ぎないのである」(シバ 2002：201)。つまりグローバル化というものは，ローカルで多様な文化の侵害にほかならない。ここにはいわゆる「南」の国からの悲痛な訴えがある。生物多様性条約は，こうした南北問題に真剣に取り組もうとしているのだ。

・・

名古屋議定書の意義

ここで「名古屋議定書」に話を戻す。生物多様性は，「生物資源へのアクセスと利益配分 (ABS)」の公正さを求めているわけだが，実際の取引のなかで，公正さが確保されているかを確認するすべがなかった。そこで名古屋議定書は，参加国に条約の義務が守られているかどうかをチェックすることを義務づけた。これには50カ国の批准が必要だったが，2014年7月にその数に到達し，同年10月12日に発効した。このように，条約は発効した後が重要であり，締約国の話し合いによって条約の趣旨が少しずつ実現していく。このことを知っておけば，条約や国際会議をより興味深く追跡することができるだろう。

3｜なぜ生物多様性の保全が必要なのか

生物多様性の価値

ここまで，生物多様性と生物多様性条約について解説してきた。そのなかに，環境正義という倫理学的問題が含まれていることを紹介したが，そのほか，条約が各国の法律に反映されることにより，生物多様性の保全を根拠にしてさまざまな規制をかけることが正当化されるので，環境倫理学としては，その根拠を問うことが課題のひとつになる。

なぜ生物多様性の保全が必要なのか。これは環境倫理学では，「自然の価値論」という形で長らく議論されてきた。そこでは，自然を守るべきなのは自然にこれこれの価値があるからだ，という形で論じられてきた。典型的には，人間にとって役に立つ（道具的価値がある）から自然を守るのだ，という論じ方と，人間の利便性や都合とは無関係に，自然にはそれ自体に価値がある（内在的価値がある）から守るのだ，という論じ方に代表されるのだが，タカーチは生物多様性に関して，このような単純な二分法を避け，次のように多様な価値（生物多様性を守る理由）を拾い上げている（タカーチ 2006：228-314）。

①　科学的価値（生物多様性は生物学の「生きた図書館」である）

②　生態学的価値（生物多様性は「生態系サービス」の源泉である）

③　経済的価値（生物のもつ化学物質は高価な薬や抗生物質の源泉となる）

④　社会的アメニティとしての価値（生物多様性が豊かなことは地域の誇りだ）

⑤　バイオフィリア的価値（生物多様性への畏敬の念は遺伝子のなかに暗号化されている）

⑥　変容的価値（生物多様性にふれることは人間の価値観を変容させる）

⑦　固有の価値（生物多様性にはそれ自体に固有な価値が存在する）

⑧　スピリチュアルな価値（生物多様性を知ることは神をより深く知ることだ）

⑨　美的な価値（多種多様な生物のなかに美が存在する）

タカーチは，「真の感情を覆い隠してしまう単純な論理に集約するのではなく，われわれが生物多様性にかかわりあう理由のすべてを認識し，共有することが重要なのだ」と述べている（タカーチ 2006：324）。このような発想は，人間か自然かの二項対立ではなく，さまざまな価値をすりあわせて合意形成することに道を開くものだろう。

•••

人間 vs 自然の二項対立はもう古い

近年，生物多様性を保全する理由として最も強力なのは，「**生態系サービス**」（自然環境が人間にもたらす恵み）を維持するため，というものだ。そこでは，「基盤サービス」（大気・水・土壌），「供給サービス」（食料・資源・エネルギー），「調整・制御サービス」（気候調整・洪水制御・廃棄物分解），「文化的サービス」（科学・レクリエーション）といった，人間にもたらされるさまざまな恵みが掲げられている。生物多様性の減少は生態系サービスの減少をもたらし，人間の暮らしも貧しくなるということになる。このような考え方は，従来の環境倫理学では，自然の「道具的価値」を守る「人間中心主義」として一蹴されたことだろう。しかし近年の生物多様性保全論ではこれが主流になっているのだ（興味深いことに，「内在的価値」は尊重されるべきひとつの価値としてこのなかに取り込まれている）。ここからは，生物多様性をめぐる国際的議論において，「自然保護をとるか経済発展をとるか」といった対立軸が過去のものになりつつあることが分かる。つまり，自然（生物多様性・生態系）を守ることは経済発展の基盤であるという認識が進んでいる。

このような趨勢と軌を一にして，アメリカの環境倫理学のなかに「環境プラグマティズム」が登場した。そこでは，人間vs自然の二項対立が批判され，自然の利益と人間の利益は長期的には一致する（ブライアン・ノートンの「収束仮説」）という主張がなされている。そこから，環境保全の理由は多元的であってよいという主張が生まれる。ある開発行為に対して，ある人は人間の福利やレクリエーションのために反対し，別の人は自然それ自体のために反対する，それでよいではないか，というのが彼らの立場である（吉永 2014：21）。

•••

生物多様性保全の最新動向

「生態系サービス」は，これまでほぼ無敵の概念だったが，最近になってそれを乗り越える概念が登場した。IPBES（IPCCの生物多様性版）という機関は，生態系サービスに代わる言葉として「自然がもたらすもの（Nature's Contribution to People: NCP)」という言葉を提唱した。「生態系サービス」は経済寄りのニュアンスが強く，自然を貨幣化することを警戒する中米諸国（ボリビアなど）からの批判と，自然にはプラス面だけでなくマイナス面もあるという認識を背景に，よりよい言葉が求められたのである（natureが復活しているのが気になるが，biodiversityをふまえたnatureであることは間違いない）。

特に後者の，自然にはマイナス面もあるという指摘は，近年の日本の環境倫理学が強調してきた点である。序章で見たように，鬼頭秀一は，自然と人間の関わりの多様性に焦点を合わせて，それぞれの地域で「ローカルな環境倫理」を構築することを主張しているが，そのなかで鬼頭は，人々に「恵」とともに「禍」をもたらすものとして自然を総合的に捉えることを強調している。自然にはリスクとしての側面があり，それを地域でいかに管理していくか，を実態に即して研究していくことが，「学際的な環境倫理学」のポイントなのである（鬼頭 2009)。この認識はNCPの考え方と一致するものである。

以上から，自然保護から生物多様性保全への移行が一方にあり，環境倫理学における二項対立図式から「環境プラグマティズム」や「学際的な環境倫理学」への移行が他方にあり，これらは同じ方向性を示していることが分かるだろう。

•••

未達成の課題

本章で見てきた内容は，現在の自然保護の世界を知るうえで必須の情報ばかりである。自然保護運動はこれらをふまえて行われている。そして現在の環境倫理学の研究者たちは，従来の「人間中心主義か非－人間中心主義か」「道具的価値か内在的価値か」という二分法が，自然保護運動の実情に即していないことを熟知している。

そのうえで最後に，従来の古臭い二分法にも一定の意義があったことを付け加えておきたい。環境倫理学者のワーウィック・フォックスは，「開発か保全かが争われている場面において，自然には『道具的価値』しかないと捉えるならば，保全を主張する側が『なぜ保全するのか』を説明しなければならないが，自然に『内在的価値』があるとするならば，開発を主張する側が『なぜ開発するのか』を説明しなければならないことになる」（Fox 1993）と述べている。つまり彼は，行為の「立証責任」をどちらが負うのか，という問題を明示する言葉として，環境倫理学の二分法を用いているのである。

この議論はいまだに有効である。2007年にテレビ放映されたアニメ『ミヨリの森』（山本二三監督）には，森がダムに沈むのを防ぐために子どもたちが絶滅危惧種を必死で探す場面がある。現在の基準では，絶滅危惧種がいない森は守られないので，この戦略は正しいものだが，どこか倒錯した印象を受ける。子どもたちが森を守りたいのは絶滅危惧種を守りたいからではないからだ。ここでは絶滅危惧種が一種の道具として用いられている。このような状況を昔ながらの環境倫理学者は苦々しく思うことだろう。依然として，保護を望む側が，保護するための立証責任を負わされているからである。生物多様性と生態系サービスなどによって自然保護の論理が精緻化している一方で，森が何の理由もなしに守られるような世界にはいまだ到達していない。

参考文献

岸由二　1996『自然へのまなざし――ナチュラリストたちの大地』紀伊國屋書店

――　2006「自然との共存のテーマ化について」『公共研究』3（2）：61-70

――　2014「岸由二先生に聞く――流域思考と都市再生」吉永明弘編『都市の環境倫理　資料集』（非売品），5-21頁

鬼頭秀一　2009「環境倫理の現在――二項対立図式を超えて」鬼頭秀一・福永真弓編『環境倫理学』東京大学出版会，1-22頁

シバ，V　2002『バイオパイラシー』松本丈二訳，緑風出版

タカーチ，D　2006『生物多様性という名の革命』狩野秀之・新妻昭夫・牧野俊一・山下恵子訳，日経BP社

吉永明弘　2014『都市の環境倫理――持続可能性，都市における自然，アメニティ』勁草書房

――　2015「生物多様性COP10後の動向について――道家哲平さんに聞く」『江戸川大学紀要』25：319-331

Fox, W. 1993. What Does the Recognition of Intrinsic Value Entail? *Trumpeter* 10(3) http://trumpeter. athabascau. ca/index. php/trumpet/article/view/379/601（最終閲覧2020年5月1日）

Case Study｜ケーススタディ 6

「自然再生」のどこが問題なのか

生物多様性保全としての自然再生

生物多様性を保全するために我々ができることは何だろうか。本章では，生物多様性に対する4つの危機について説明したが（本章111頁），逆にいえば，この4つの危機を打開する活動が，生物多様性の保全活動だといえる。つまり，第一に乱獲や開発を止めること，第二に里山等を維持管理すること，第三に化学物質と外来種を管理すること，第四に気候変動対策を講じることである。

加えて近年では，失われた生態系を回復させるという，自然再生の取り組みがさかんになっている。これは先ほどの4つの危機への対応を超えて，人間が積極的に生物多様性をつくり出すという点で画期的な活動である。

エマ・マリスは，過去の自然保護運動の目的であった原生自然の保存という考え方を幻想して退け，世界を人間の「庭」（多自然型ガーデン）として作り上げることを称揚する。マリスによれば，これからの自然保護の目標は，生物多様性の豊かな世界を人間の手で実現することにあるという（マリス 2018）。

日本の自然再生の取り組み

原生自然に対する思い入れが薄い日本では，自然再生に対する抵抗感は少ないといえる。その一方で，「自然再生は過去の自然に対するノスタルジーではないか」という疑念や，「再生されるべき自然はいつの時代の自然なのか」という問いが出されることがある。

富田涼都は，こうした過去志向を退け，自然再生の評価基準を，「これからどのような社会を構築し，生態系との相互関係をどのように持つべきなのかという，未来の人と自然のかかわり」（富田 2014:9）におく。このような視点から，富田は国内の自然再生活動の現場で聞き取り調査を行っている。

富田の調査地は「アサザプロジェクト」で有名な霞ケ浦である。まず富田は，霞ケ浦の関川地区で多数の人に聞き取りをして，高度経済成長前の，生態系サービスを享受する営み（漁撈，遊び，稲作，畑作，ヤマ仕事，祭礼など）を再現している。時代を経て，化成肥料や機械が導入されると，「営みが相互に関係し支えあうような生態系サービスの享受の姿は崩れ，農業生産物という物質的な生態系サービスの享受への特化が進んだ」（富田 2014：76）。そのような状況のなかで自然再生事業が行われたのだが，それは人々の日常の営みと接点を持たずに進められていった。「自然環境の操作のみに注目する復元には限界がある」（富田 2014：81）と富田はいう。

次に富田は，霞ケ浦の沖宿地区の自然再生事業を分析する。この事業では，法律的な根拠を持つ自然再生協議会という「公論形成の場」が設けられた。しかし，そこでは事前に枠組みが設定され，そこから外れる議論はしないというスタンスが作られてしまった。そのため，協議会と，委員になった地元の人々との間に齟齬が生じ，委員を辞任する人が多かったという。富田は，協議会であらかじめ科学的な問題を設定し，それを丁寧に解説しても的外れであり，「何を共通の問題設定として合意し共同行為を実現するのかという〈まつりごと〉が重要」だと述べている（富田 2014：133）。

富田の聞き取りは佐賀県に移る。松浦川アザメの瀬の自然再生事業を調査したところ，その特徴は「徹底した住民参加」にあり，非公式の自由参加の「検討会」でどんなことでも話し合う点にある。そのなかから，自然再生事業と小学校の総合学習を結びつける案が生まれ，子どものために活動をするという目標ができていく。富田は検討会のなかで生物多様性の保全と子どもたちの育成という目標を並存させているようすを「同床異夢」と称している。それによって「地域社会が日常の世界において自然再生事業を自律的に生態系サービスの享受の新たなかたちとして取り入れ」ることになるという（富田 2014：159）。

Case Study ｜ ケーススタディ6

「悪意のある再生」にダメと告げよう

富田の聞き取りに基づく記述からは，自然再生事業の現場には差異があり，比較的うまくいっている例とそうでもない例があることが分かる。ここから個別の事例を詳細に検討することの重要性を学ぶことができる。とはいえ，それでも富田が調べた事例は，総じて良心的で真摯な取り組みのように思われる。

というのも，自然再生事業のなかには，アンドリュー・ライトのいう「悪意のある再生（malicious restoration）」も存在するからである。「悪意のある再生」とは，たとえば川床の再生が山頂採掘を許すための口実として使われる場合であり，これは批判されるべきだという（丸山 2006）。なるほど，開発を進めて森を切り拓くけれども，その代わりに植林をするから問題はない，という態度は，もともとあった森を残したい住民たちにとっては欺瞞に映るだろう。開発を進める側は森を代替可能と見なしているが，残したい住民たちにとってはその森は代替不可能なものだからである。

自然再生事業は総論としては決して悪くないものだが，それが自然破壊のための埋め合わせとして行われる場合には，少なくとも賞賛できるものではなくなる。それがどのような目的で行われているのか，個々に中身を精査して良し悪しを判断し，ダメな事業にはダメと告げることも必要と考える。

参考文献

富田涼都　2014『自然再生の環境倫理』昭和堂
マリス，E　2018『「自然」という幻想』岸由二・小宮繁訳，草思社
丸山徳次　2006「自然再生の哲学〔序説〕」『里山から見える世界　2006年度報告書』龍谷大学里山学・地域共生学オープン・リサーチ・センター，452-470頁
吉永明弘　2019「「つくられた自然」の何が悪いのか――「自然再生事業」の倫理学」シノドス　https://synodos.jp/society/22956（最終閲覧日2020年5月1日）

Active Learning ｜ アクティブラーニング 6

Q.1

「リバーネーム」と「自然の住所」を書いた名刺をつくってみよう。

岸由二は，行政の単位ではなく，自然の区分に従って自分が住んでいる場所を自覚するために，「リバーネーム」（岸・鶴見川・由二）や「自然の住所」（日本列島・本州・関東平野・多摩三浦丘陵・鶴見川流域・源流流域・谷戸池谷戸流域源流西肩）を付けることを提案している。岸に倣って，自分の地域の地形を調べて，「リバーネーム」と「自然の住所」を書いた名刺をつくってみよう。

Q.2

自然保護をテーマにした映画を見て，話し合おう。

映画のなかには，自然保護をテーマにしたものがある。本文でふれた『ミヨリの森』もそうだが，他にもアニメ映画『河童のクゥと夏休み』（原恵一監督）や『平成狸合戦ぽんぽこ』（高畑勲監督）などがある。見た後で意見交換をしてみよう。

Q.3

自然保護NGOの事務所に見学に行こう。

日本の自然保護の歴史を繙くと，市民運動やNGO・NPOが大きな役割を果たしてきたことが分かる。主な日本の自然保護NGOとして，日本自然保護協会（NACS-J），WWF-JAPAN，日本野鳥の会があり，自然保護活動とともに環境教育や国際動向に関する情報収集も行っている。そこでは自然保護に関する世界の最新の情報が得られる。事務局を訪問して，積極的に質問してみよう。

Q.4

地域の「自然観察会」に参加してみよう。

自然保護NGOのサポートもあり，全国で「自然観察会」が開催されている。守るべき自然は，いわゆる壮大な自然，貴重な自然だけではない。自分が住む町にある「身近な自然」も，目にとめておかないといつの間にかなくなってしまう。自然観察会は，自然についての知識を得るというよりも，自然を見る目を養う場所である。自然についての知識がなくても，気軽に参加してみよう。

第Ⅲ部

「社会」と環境倫理学

第7章

世代間倫理

将来世代にどのような環境を受け渡すべきか

寺本　剛

科学技術の発展，世界人口の増加，グローバルに展開される経済活動の活発化といった要因によって，人間の自然環境に対する影響力は増大し続けている。その結果，現在の行為や意思決定が，現在を生きる人々にとどまらず，遠い将来にまで，リスクや不利益をもたらす可能性が生じてきた。こうした現実を受けて，1970年代ごろから，将来世代に配慮した行為や意思決定を促すことを目指す規範的議論が「世代間の公平性（intergenerational equity, intergenerational fairness）」，「世代間正義（intergenerational justice）」という名称で展開され，その是非がさかんに論じられてきた。

日本では，1991年に加藤尚武が『環境倫理学のすすめ』において「世代間倫理」を環境倫理学の基本主張のひとつとして掲げたことを契機として，将来世代に対する倫理は「世代間倫理」という名称で注目され，広く普及するに至っている。加藤が指摘するように，世代間倫理は環境倫理学の根幹をなす発想のひとつであり，その考え方を学ぶことは環境倫理学を学ぶうえで必須である。しかし，世代間倫理は，世代間の時間的なズレや断絶を考慮する必要があるため，現在世代内の倫理とは異なる難しさがある。以下では，こうした点に注意しながら，世代間倫理の考え方を学んでいく。

KEYWORDS #将来世代 #不可逆性 #公平性 #責任 #非同一性問題 #共同体主義

1｜世代間倫理の特徴

・

世代間倫理と「世代」

まず，世代間倫理における「世代」という言葉について説明しておこう。「世代」という言葉は，一般的には，「団塊の世代」「バブル世代」「ゆとり世代」などといった場合のように，「同期間に出生した人々の集団」（人口学では「コーホート（cohort）」と呼ばれる）を意味する。年金や社会保障の問題で「世代間格差」が話題となる場合も，この意味で世代という言葉が使われている。これに対して，世代間倫理の議論では，基本的に，「過去世代」はすでに死んで存在しなくなった人々のこと，「現在世代」は今生きて存在している人々のこと，そして「**将来世代**」はまだ生まれておらず存在していない人々のことを意味する。現在世代の意思決定の影響がその死後にまで続く可能性があるなかで，現在世代が自分たちの死後に生きる人々にどのような態度をとるべきかを考えるのが世代間倫理の議論の目的だから，こうした生死による区分が採用される。

・

負の遺産の一方性

世代間倫理は自分の死後の将来を問題にする。とはいえ，自分の死後に生まれてくる将来世代についてリアルに想像するのは難しいかもしれない。たとえば，高レベル放射性廃棄物の問題などは10万年先を視野に入れた問題である。そんな先のことまで気にしていられないという人がいても不思議ではない。

しかし，現在から将来を見るのではなく，現在から過去を振り返ってみれば，少し見方が変わるかもしれない。みなさんが生まれる前から人類は環境に多大な負荷をかけてきた。私たちが気候変動の問題に取り組まなければならないのは過去世代が排出した温室効果ガスのせいでもあるし，生物多様性の減少を心配しなければならないのは，過去世代が多様な生物の生息地を破壊してきたからだ。みなさんが生まれる前から，原子力発電所は稼働しており，高レベル放射性廃棄物は存在していた。そして，過去世代はこれらの問題を放置したまま先に逝ってしまい，みなさんがそのツケを払う羽目になっている。時間を戻すことはできないので，過去世代に文句を言い，行いを改めてもらうこともできず，相応の補償もないまま，問題と向き合わなければならなくなっている。

不可逆の時間においては，長期的なリスクや負担は，後続世代に一方的に押し付けられる。これが世代間の残酷な，しかし本質的な関係性である。生まれる前から負の遺産を一方的に押し付けられていた元将来世代のみなさんには，その理不尽さと，過去世代の無責任さを実感できるのではないだろうか。そして，それと同様に過ちをおかさないようにすべきだと感じるのではないだろうか。

配慮の一方性

時間の**不可逆性**と生死による世代間の断絶のために，長期的なリスクや負担は前の世代から一方的に後続世代に押し付けられるが，これと同様に，現在世代の将来世代に対する配慮も一方的なものでしかありえない。

加藤が指摘するように，近代社会の倫理的決定システムは，基本的に生きている人間同士の相互的な関係性を前提としている（加藤 1991：31）。世代内においては生きて存在している人間同士が相互に関係し合っており，この相互関係のなかで，牽制し合ったり，協力し合ったりすることで，それぞれの利己的行動が抑制され，権利の主張に対して義務を果たすといった倫理的な振る舞いが促されている。一方，現在世代と将来世代の間には，時間的断絶があるため，相互関係が成り立たず，当然，互恵関係も成り立たない。現在世代が将来世代に配慮したとしても，生きている間には感謝もされないし，見返りもない。現在世代が権利を主張しても将来世代はそれに応答してはくれない。

もちろん，だからといって，将来世代に配慮しなくてよいわけではない。将来世代への配慮はなされるべきだが，それは見返りを期待しない，一方的な形でしかなされえないのである。このことを明確に主張したのがハンス・ヨナスである。ヨナスによれば，現在世代の将来世代に対する配慮は，大人が，見返りもないのに，赤ん坊を守り育てるようなものである（ヨナス 2000：221-230）。赤ん坊は生き続けるために大人に全面的に依存しなければならない弱い存在であり，これに対して，大人は赤ん坊を生かすことも殺すこともできる力をもっている。赤ん坊の弱さを目のあたりにし，その存亡が自分に委ねられていると感じた大人は，赤ん坊を守らなければならないという責任感を抱き，一方的に守り育てようとする。現在世代の将来世代に対する配慮は，もしそれが可能なのだとしたら，これと同様の責任感に基づくほかないとヨナスは考えた。将来世代は現在世代の力に左右される弱い存在であり，だからこそ現在世代には将来世代を一方的に守る**責任**があるというのである。

ヨナスは一方的な配慮の関係の典型として親子関係を挙げているが，これは他の人間関係にも見出すことができる。たとえば，公共スペースを使用するとき，私たちは見ず知らずの次の利用者のために，そのスペースを汚さないようにすべきだと考える。汚さなかったからといって，直接感謝されはしないし，汚したからといって，直接非難されるわけでもない。しかし，私たちは次の人が困らないように配慮して利用しようとする。あるいは，約束はいつでも破ることができるはずなのに，私たちはそうすべきではないと考える。むろん，そこには信用された方が長期的に有利だという打算もあるだろうが，多くの場合，約束を反故にされて困る人々に対する責任感がそこにある。約束とその履行の間には常に時間的なズレがあり，そのズレを一方的な責任感が埋めているのである。

他にも，時間的断絶やズレのために相互性が成り立たない場面は現在世代内においても数多く存在する。そこには，一瞬であっても，弱い立場に立たされる人々と，それに対して影響力を行使しうる人々が存在し，前者が弱い立場にあるがゆえに，後者は前者に対して自発的に，そして一方的に配慮する。世代間倫理は現在世代内で働いているこのような一方的な配慮を将来世代にまで広げていくものだといえよう。私たちは科学技術時代になって，将来世代を自分たちの力に脅かされている弱者と見なし，現在世代内にとどまっていた一方的な配慮の適用範囲を遠い将来にまで及ぼすべきだと考え始めているのだ。

2｜世代間倫理にひそむ難問

世代間の公平性

もう一度，元将来世代の立場から考えてみよう。悪い環境を将来世代に押しつけた過去世代の振る舞いは，なぜ倫理的に問題があるのだろうか。それは，まず，拒否することができない弱い立場にある将来世代に，一方的に負の遺産を押し付ける無責任な行為だからである。しかし，これに加えて，過去世代の振る舞いは**公平性**の観点からも問題がある。

公平性とは，利益やリスクなどが正当なルールに従って配分される状態を意味する。たとえば，ごみはそれを排出した者が処分する（汚染者負担原則），あるいは，ごみを排出する過程で利益を得た者が処分する（受益者負担原則），というのが現在世代内で一般的に通用しているごみ処分のルールである。それに従って各人がごみを処分するのが公平なあり方であり，自分が処分すべきごみを他人に押し付けるのは不公平だ。だから不法投棄は倫理的に問題となる。

この考え方を世代間の問題に移し替えるならば，各世代は自らが生み出したリスクや不利益を自分たちが生きているうちに解消し，次の世代に残してはならないことになる。いわば，利害の「収支」を各世代で完結させることが求められるのだ。このことは環境問題や資源問題にも同様に当てはまる。それぞれの世代は，自分たちが享受したのと同等以上の環境を次の世代に残すべきである。自分たちの利益だけを追求して，有限な自然資源を使い尽くしたり，自然環境や住環境を破壊してそのまま放置したりするのは，公平性の原理に反する。

なお，この世代間の公平性も，最終的には将来世代への一方的な配慮に基づいている。現在世代と将来世代を同じルールのもとで同等に扱うかどうかを決める力をもつのも結局は現在世代だからだ。現在世代が「将来世代も自分たちと同等に扱われる権利がある」と一方的に認めるときに，初めて世代間の公平性の次元が開ける。そして，そのなかで，将来世代の権利に応じるかのようにして現在世代が一方的に義務を果たすときに，世代間の公平性が実現されるのだ。

••

非同一性問題

しかし，世代間の公平性という考え方，あるいはそれを背後で支えている責任という考え方を脅かす厄介な問題がある。デレク・パーフィットが指摘した「**非同一性問題**（Non-Identity Problem）」である（パーフィット 1998）。

この問題はある世代の意思決定によって，誰が生まれてくるかが変わるという事実から導き出される。現在世代がある政策決定をした場合，その影響で社会情勢が変化し，人々の行動も変化する。これに伴って，子どもをもつかどうか，誰との間に，いつ子どもをもつかということについての人々の意思決定も変化する。そうなると，この政策決定によって，別の政策決定をした場合に生まれてくるのとは異なる人々が，つまり別のアイデンティティをもった人々が生まれてくることになる。

ここで，現在世代が将来世代に明らかに悪い影響を与えるような政策決定をしたと仮定してみよう。その結果生まれてくる将来世代の人々は，現在世代の意思決定のために悪い環境のなかで生きることを強いられる。しかし，この人々は現在世代の意思決定を批判しないだろう。というのも，現在世代が将来世代に悪影響を及ぼす政策決定をしなければ，この人々は生まれてこなかったからである。もし「生まれてこないよりは生まれてきた方がよかった」と思うならば，その人々は現在世代の決定を批判できないし，それどころか，その決定に感謝することになるかもしれない。そして，この人々はよい環境を享受する権利を自ら放棄するだろう。その場合には，現在世代は将来世代の権利に対する義務を果たさなくてよかったことになる。

過去世代から環境問題を押し付けられた元将来世代のみなさんは，非同一性問題の将来世代と同じ立場に立たされている。みなさんが「生まれてこないよりは生まれてきた方がよかった」と思うのであれば，環境問題を次の世代に押し付けるという過去世代の無責任で，不公平な意思決定を受け入れるしかない。今後も，将来世代に対して悪影響を及ぼす意思決定を批判できなくなってしまう。

・・

匿名的集団としての将来世代

非同一性問題に対してどのように応答したらよいだろうか。実は，非同一性問題によって世代間倫理が完全に不可能になると考える必要はない。むしろそれは，現在世代の将来世代への配慮が本質的に個人に対するものではなく，匿名的な集団に対するものであることを明らかにしてくれる格好の思考実験と捉えるべきだ。このあたりの事情を少し踏み込んで見てみよう。

非同一性問題は「人格影響説」（パーフィット 1998）という考え方を前提としている。人格影響説とは，一人ひとりの人間に対してどのような影響を及ぼしたかによって行為を倫理的に評価する考え方である。確かに，非同一性問題では，将来生まれてくる特定の個人の人生をよりよくしたか，より悪くしたかということを基準として現在世代の意思決定の善悪が評価されている。将来世代に悪い影響を及ぼす政策決定が悪くないものとして容認されるのは，それが将来生まれてくる個人の人生をより悪くしないからである。この政策決定がなされなければその人は生まれてこなかったのだから，その人の人生は悪い環境での人生以外ではあり得ない。すなわち，現在世代の政策決定はその人の人生をより悪くしたわけではないため，倫理的に問題ないと評価されるのである。

しかし，私たちはこの非同一性問題の議論に違和感をおぼえ，将来に負の影響をもたらす政策決定はやはり倫理的でないと考えるだろう。このとき，私たちは特定の個人の人生をよくするか悪くするかを倫理の基準とは考えていない。むしろ，将来の時点に生きる人々が，誰であるかにかかわらず，よい環境で暮らせるような意思決定をすべきだと考えているのである。別の言い方をするならば，ある人々が不幸に生きる世界より，別の人々が幸福に生きる世界を実現すべきだと考えているのである。

これは将来世代という匿名的な集団の幸福度を高めることを追求する功利主義的な発想として理解することができる。功利主義は関係する人々，あるいは社会全体により多くの幸福をもたらす行為や政策を倫理的によい行為として評価し，不幸をもたらす行為や政策を倫理的に悪い行為と見なす。この発想を通時的に拡張するならば，将来世代の集団が全体としてより幸福な生活を送ることができるような政策決定が肯定的に評価されることになる。その際，将来世代の成員が誰であるかということを考慮する必要はない。

あるいは，環境倫理学者のブライアン・ノートンが指摘するように，非同一性問題は世代間倫理の**共同体主義**的側面を逆説的に示す議論と考えることもできる（Norton 2016: 361-363，寺本 2019も参照）。一般的に私たちは，自らの共同体がよりよい状態で引き継がれ，繁栄することを望む。そのとき，その共同体を構成する人々が誰になるかは問題ではない。むしろ，将来の時点で誰が構成員になっても，その共同体全体がよりよい状態にあることを，私たちはその共同体の一員として望み，それが実現できるような意思決定をするべきだと考える。自らの意思決定によって将来世代の個人をより悪い状態にしないからといって，何をやってもよいとは考えず，共同体全体の公益やそのよりよいあり方を実現できるよう行為しようとするのだ。非同一性問題に違和感を感じる人は，このような共同体の公益やよりよいあり方に価値を見出し，それを守るべきだと考えていることになる。

3｜問題に取り組むための世代間倫理

…

教訓から問題解決へ

世代間倫理の考え方を学んだみなさんは，負の遺産を残した過去世代を反面教師として，自分たちは将来世代に配慮した行為や意思決定をしようと考えるだろう。世代間倫理の課題のひとつは，このように過去の失敗から学び，それを今後の意思決定の教訓として生かすよう，人々に訴えかけることである。

しかし，それだけが世代間倫理の課題ではない。確かに，みなさんはこれから将来世代に配慮した意思決定を試みるだろうし，是非そうしていただきたい。しかし，他方で，そうしたからといって，過去世代がみなさんに残した負の遺産が消えるわけではない。すでに発生し，目の前に存在している負の遺産については，今生きている現在世代が引き受けて解消するか，これから生まれてくる将来世代にできるだけ適切な形で引き継いでいかなければならない。このように，目の前にある長期的なリスクや負担の問題を世代間のリレーのなかで解決していくにあたって，どのような対処の仕方が倫理的であるかを考え，人々に示唆を与えることも，世代間倫理が取り組むべき重要な課題である。

長期的なリスクや負担を世代間で引き継ぐ場面では，ひとつの倫理的発想や価値観だけに固執していては問題に対処することはできない。とりわけ，このような場面では，世代間の公平性を考慮するだけでは，十分に倫理的な意思決定ができなくなる場合がある。そもそも，世代間の公平性の考え方に従うならば，過去世代の負の遺産は過去世代が解消すべきものであり，現在世代がそれを解消する義務はない。しかし，だからといって現在世代が何もせず負の遺産をそのまま将来世代に押し付けるとしたら，それはそれで非倫理的な振る舞いだ。この非倫理性は，世代間の公平性という観点だけでは説明できない。確かに，最後に負の遺産を押し付けられる将来世代にとってそれは不公平であり，この不公平な状態を是正することは公平性の観点から求められる。しかし，今述べたように，公平性の観点から見た場合，負の遺産を生み出していない現在世代にその義務はない。それにもかかわらず，負の遺産に対処しようとしない現在世代が非倫理的だとしたら，それは公平性とは異なる観点で非倫理的だからであろう。それは先に指摘したような長期的なスパンでの功利主義や，自らの共同体の持続的な発展を倫理的評価の基準とする共同体主義のような，全体の幸福や善を志向する倫理的観点かもしれない。あるいは，ヨナスが主張するような，弱い立場の将来世代を一方的に守ろうとする責任の観点かもしれない。

•••

資源の世代間配分

具体的な事例を使って考えてみよう。自然資源について世代間の公平性を実現しようとする場合，各世代は前の世代から引き継いだ資源量を目減りさせてはならないし，目減りさせた場合にはそれを元に戻すか，少なくとも，代替となる資源を次の世代に残さなければならない。しかし，ここには微妙な問題がある。たとえば，マグロやウナギは私たちの食生活や食文化にとって重要な魚介類だが，これらが絶滅危惧種に指定されていることは有名である。これらの魚（ウナギの場合には養殖目的で獲られる稚魚のシラスウナギを含む）を今のまま野放図に獲り続ければ，将来世代がこれらの魚を食べられなくなってしまうかもしれない。では，仮に，将来世代にこれらの水産資源を残すために，今から禁漁や厳格な漁獲規制を実施したとしたらどうだろうか。これらの魚を食べる機会は著しく制限されるにちがいない。世代間の公平性の観点から見れば，年配の人々はすでに多くのマグロやウナギを食べており，そのせいで資源が減少したのだから，この措置を甘んじて受け入れるべきかもしれない。しかし，これらの魚を十分に食べていない若い人々や子どもたち，あるいはまもなく生まれてくる将来世代にとってこれは明らかに不公平であろう。こうした人々がこれらの魚を十分に食べる機会を失い，その死後に資源量が回復して，それ以降の世代がまたこれまでと同様にこれらの魚を食べ，楽しむことができるようになったとしたら，禁漁期間に生きた人々だけが負担と損害を強いられた格好になる。

この事例は確かに不公平だが，それでも，私たちは資源保護のために禁漁や漁獲規制をすべきだと考えることができる。資源が枯渇してしまえば，その後のすべての世代がそれを享受できなくなる。功利主義的に考えるならば，資源を持続させて，できるだけ多くの世代がその資源から利益を得られた方が倫理的である。また，共同体や人類の持続可能性を根拠に資源管理を正当化することも可能だ。共同体や社会，ひいては人類が生きのびるべきだと考えるならば，今後起こるかもしれないさまざまな状況の変化に対応できるように，将来世代にできるだけ多くの選択肢を残しておくべきである。そのためには一度絶滅したら二度と取り戻すことができない生物種を保護する義務が，負の遺産を押し付けられた世代にもあることになる。また，その共同体にとってその食文化の維持が重要な価値をもつのだとしたら，それを支える水産資源の枯渇を助長する意思決定は，自分たちの世代の利益だけを考えた身勝手な行為である。あるいは，与えられた環境を受け入れるしかないという意味で弱い立場にある将来世代に十分な水産資源を残すことが，将来世代に対する責任を全うすることだと考えて，自らの「取り分」を我慢するという考え方もできる。

•••

理念としての世代間公平性

世代間の公平性の考え方では，利害の収支を各世代で完結させることが求められていたが，長期的なリスクや不利益が生じた場合には，そして，それを是正しようとするプロセスにおいては，どうしても世代間の公平性を実現できない場合が出てくる。そのときには，それぞれの世代で利害の収支を問題にするのではなく，時間的に持続する共同体や社会にとっての利益や幸福，あるいはよりよいあり方を意思決定の基準にするほかない（寺本 2018）。

その際に世代間倫理の観点で注意すべき点がいくつかある。第一に，共同体や社会の長期的な持続可能性を考慮して，現在世代は後続世代にできるだけ多くの選択肢を残すことを意思決定の基本的な指針としなければならない（Norton 2015）。共同体や社会が今後どのような状況の変化に対応しなければならないか，また後続世代がその変化をどう評価するかといったことについて現時点では確かな予測ができない。それゆえ，意思決定を行う現在世代は，将来世代が最適な意思決定ができるよう，その意思決定を制約する要因を減らし，幅広い選択の余地を残しておくことが求められる。自然環境を保護することで，できるだけ多くの自然資源や生物種を残そうとすることは，このような指針に従った行為である。

第二に，長期的なリスクや負担に対する対応は漸進的最適化という特徴を備えるべきである。ある世代が長期的な影響をもたらす対応策をとってしまうと，後戻りができなくなり，不測の事態に対応するための選択肢が制限され，将来世代の意思決定を拘束する可能性がある。そうしたことがないよう，そのつどの現在世代は，一度に大きな決断を下すことを避け，修正や後戻りの可能性を残しながら，漸進的に状況を最適化していくことが望ましい。

最後に，世代間の公平性は目指すべき理念として残り続けるということに留意しなければならない。世代の区分をとりあえず保留し，持続的な共同体や社会に対するリスクや負担を問題にするのは，世代間の公平性を追求して，将来世代のリスクや負担をできるだけ減らすためでもある。また，問題解決において修正や後戻りの可能性を残すべきだと考えるのは，将来世代に現在世代と同等の決定権を残すためでもある。そして何より，リスクや負担を発生させた世代の責任を明確にし，後続世代への負担の押しつけに歯止めをかけるためにも，世代間の公平性を目指すべき理念として保持しておく必要がある。共同体や社会を単位とする漸進的最適化は，世代間の公平性が実現できない場合にやむをえず採用される次善の策であって，それが世代間倫理の第一原理になることはない。現在世代は，その意思決定において，世代間の公平性という理念を第一原理とし，それを最大限尊重し続けなければならないのである。

参考文献

加藤尚武　1991『環境倫理学のすすめ』丸善出版

寺本剛　2018「放射性廃棄物と世代間倫理」吉永明弘・福永真弓編著『未来の環境倫理学』勁草書房，49-62頁

——　2019「特集/オックスフォード・ハンドブックの紹介 世代間倫理の視点から」『環境倫理』2：75-82

パーフィット，D　1998『理由と人格——非人格性の倫理へ』森村進訳，勁草書房

ヨナス，H　2000『責任という原理——科学技術文明のための倫理学の試み』東信堂

Norton, B. G. 2015. *Sustainable Values, Sustainable Change: A Guide to Environmental Decision Making.* University of Chicago Press

—— 2016. Sustainability as the Multigenerational Public Intererest. In S. M. Gardiner & A. Thompson (ed.), *The Oxford Handbook of Environmental Ethics.* Oxford University Press，pp.353-366

Case Study｜ケーススタディ7

高レベル放射性廃棄物問題
世代間の公平性をめぐって

処分方法のジレンマ

現在のところ，日本国内には原子力発電に伴って発生した使用済核燃料が約1万8000t貯蔵されており，その量はすでに，国内の貯蔵容量約2万4000tの約75%におよんでいる（2019年1月現在）。日本の政策ではこの使用済核燃料はまだ廃棄物ではない。この使用済核燃料を再処理し，プルトニウムを取り出した後に残る廃液やそれをガラスで固めたガラス固化体のことが「高レベル放射性廃棄物」と呼ばれる。これらの物質はいずれも，10万年以上の長い間危険であり続け，原子力発電から直接利益を得ることのない遠い将来を生きる人々にまでリスクや負担をもたらす可能性がある。

このような長期的なリスクと負担を私たちはどのようにして将来へと受け渡すべきなのか。問題はそれほど単純ではない。これらの物質に対処する方策は現在のところ大きく分けて2つある。ひとつは廃棄物を地下深くに埋設する地層処分であり，もうひとつは地上で監視しながら管理する地上管理である。そしてこのどちらの方策も世代間の公平性を十全には実現できないと考えられる。

地層処分は最終処分であり，もしそれが成功すれば，将来世代は廃棄物を管理する必要がなくなる。将来世代に負担を残さないという点で地層処分は「負担の世代間公平性」を実現するための手法だといえよう。しかし，埋設した後に自然災害や人工的な閉じ込め機能の不備によって放射性物質が早期に漏れ出るとすれば，将来世代にリスクや負担が発生し，世代間の公平性も実現できなくなる。また，地層処分では将来世代に決定権を残すことが難しい。地中深くに廃棄物を最終処分してしまうと，将来それを利用したり，処分したりするよりよい技術が開発されても，将来世代がそれを取り出すのが困難になる。一度埋めてしまうと，将来世代が廃棄物をどう扱うかを決める余地を著しく狭めてしまい，「決定権の世代間公平性」を実現できない可能性があるのだ。

もうひとつの方策である地上管理は，地表近くで監視しながら廃棄物を長期的に貯蔵し続ける方法である。この場合には，廃棄物は取り出せる状態にあるため，放射性物質が漏洩しても素早く対処できるし，より優れた処分方法や安全な利用法が開発されたとしても，将来世代に決定権を残すことができる。とはいえ，地上管理では自然災害やテロのリスクについて懸念がある。また将来世代が持続的に管理を続けられるかどうかという点も心配だ。何より，地上管理では廃棄物の発生者でも，受益者でもない将来世代に廃棄物管理の負担やリスクを強いることになり，「負担の世代間公平性」を実現することができない。

このように，高レベル放射性廃棄物をめぐっては「負担の世代間公平性」と「決定権の世代間公平性」のどちらを優先すべきかという点でジレンマが存在する。将来世代に負担を残さないことを目指して廃棄物を埋設すれば，将来世代の決定権を狭める可能性があり，将来世代に決定権を残そうとして地上管理を続けるならば，将来世代に管理の負担やリスクを強いることになる。どちらを選択しても十全な形で世代間公平性を実現できないのである。

回収可能性を考慮した地層処分

この状況を受けて，現在では地層処分に回収可能性を組み込むという考え方がある。これは地層処分場を建設し，そこに廃棄物を置いておくのだが，完全には埋めてしまわず，監視を続けながら，完全に埋めてしまう方向に進めていくかどうかを徐々に決めていくという手法である。将来世代の決定権は残されているが，最終処分に向けてステップを踏んで行くことで徐々にその決定の幅が狭まっていき，最後の決断を下したときに最終処分が完結するというわけだ。これはこれで漸進的最適化のひとつのあり方だといえるかもしれない。

ただ，これについてはいくつかの点に留意しておく必要がある。まず，回収

Case Study ｜ ケーススタディ7

可能性を残し，徐々に最終処分の方へ進むという方法では，監視の負担が発生するため，「負担の世代間公平性」と「決定権の世代間公平性」のジレンマが解消できるわけではない。「負担の世代間公平性」と「決定権の世代間公平性」はトレードオフの関係にあり，決定権を確保しようとするとどうしても監視の負担が生じてしまう。この手法では，このトレードオフが解消されるのではなく，「決定権の世代間公平性」を重視する状態から「負担の世代間公平性」を重視する状態へと漸進的に移行するプロセスが確保されると考えるべきだ。

また，この手法では，最終処分を完結する方向に進めば進むほど，技術的にも，心理的にも後戻りがしにくくなる可能性がある。最終処分を完結する方向へ処分プロセスを進めれば，それを元に戻す作業自体が困難さを増す。その状況で計画を後戻りさせようとすれば，作業のリスクや経済的な負担が新たに発生することになり，それが後戻りへの抵抗感をもたらす可能性がある。

計画が進むごとに後戻りがしにくくなるとすれば，計画を進める一歩一歩の決断はきわめて重いものとなる。地層処分技術の安全性に対する社会の信頼が「将来世代の決定権」を無視してもよいという程度にまで高まらない限り，最終処分を完結させる方向へと計画を進めるべきではないことになるだろう。この厳しい基準をいつクリアできるのかは不透明だ。その状況で地下に処分場を建造するためにコストをかけるべきかどうかは慎重に検討されなければならない。地上で管理するのか，地下で管理するのか。どちらがよいだろうか。

参考文献

「高レベル放射性廃棄物および使用済燃料の深地層処分のための可逆性と回収可能性（R&R）NEA R&R プロジェクト（2007年～2011年）最終報告書」https://www.oecd-nea.org/rwm/rr/documents/rr-final-report-gd-j.pdf（最終閲覧2020年6月12日）

Active Learning　アクティブラーニング 7

Q.1

現在世代が将来世代に配慮すべき理由について考えてみよう。

本章で学んだことを振り返って，現在世代が将来世代に配慮すべき理由を書き出してみよう。また，それ以外に将来世代に配慮すべき理由がないか考えてみよう。次に，グループ討論でそれぞれの見解を発表し合い，批判的に検討してみよう。

Q.2

世代間倫理の問題を探して，対策を考えてみよう。

環境問題や高レベル放射性廃棄物問題以外でも，世代間倫理が問題になる事例は実はたくさんある。新聞記事やニュースなどにもアクセスして，世代間倫理に関わる問題をひとつ取り上げ，それについて世代間倫理の観点からどのように対処したらよいのか議論してみよう。

Q.3

高レベル放射性廃棄物の処分や管理の手法について調べてみよう。

インターネットや書籍で情報を収集し，それぞれの手法の特性，よい点や悪い点を，世代間倫理の観点から説明してみよう。また，廃棄物処分政策の可逆性や廃棄物の回収可能性がなぜ世代間倫理の観点から重要になるのか，ケーススタディも参考にしながらまとめてみよう。

Q.4

「持続可能な開発目標（SDGs）」について調べてみよう。

2015年9月の国連サミットで採択された「持続可能な開発目標（SDGs）」を構成する17の大きな目標と169のターゲットの内容を確認し，国連がこれからの世代にどのような世界を残そうとしているのか，それがどのような倫理的発想に基づいているのか，分析し，まとめてみよう。

第8章

環境正義

環境リスクの公正な分配を考える

神沼尚子

本章では，環境正義という概念が，現代の日本社会が直面している問題（福島の原発問題や六ヶ所村の核廃棄物問題など）を理解するうえで有用であることを示す。2011年の東日本大震災の際に起こった福島第一原子力発電所の事故では，電力を供給して利益を得ている人々と，原発事故のリスクや被害に晒された人々とが，多くの場合，一致していなかった。このことは，電力という環境便益と事故のリスクや被害という環境負荷の分配が不公平だったことを意味している。このように，環境問題によって特定の人々にリスクや被害が不公平な形で集中するという事実は重大な問題である。環境倫理学の課題は，自然と人間の適切な関係を追求することにとどまらない。環境問題をめぐる人間と人間の関係にも目を向け，そこに発生している不正義を言語化し，適切な関係を実現できるよう訴えかけることも環境倫理学の重要な役割のひとつである。そのためのキーワードが「環境正義」なのである。

KEYWORDS #先住民族 #環境人種差別 #環境正義 #環境正義の原則 #分配の正義 #参加の正義 #核による植民地主義

1｜環境正義運動の歴史

・

環境問題が社会問題として認知されるまでの経緯

アメリカにおいて伝統的な環境運動とは，中産階級の白人男性による自然保護活動であった。活動内容は国立公園の設置など，主に美しい自然を開発から保護することである。しかしながら，1960年代から1970年代にかけて，工業化の進展や農業の大規模化に伴い，環境破壊や公害問題が深刻になると，環境問題は裕福な人々だけの問題ではなくなった。特に，レイチェル・カーソンが『沈黙の春』（1962年）において，化学薬品や農薬により人間自身の生命や健康，生活自体が危険に晒されていると警鐘を鳴らしたことは市民に大きな影響を与えた。また，バリー・コモナーは『科学と人類の生存』（1963年）において，放射性降下物の問題を取り上げ，市民に環境問題の深刻さを伝えた。

1970年には公害防止，環境保護を目的とした大規模なデモであるアース・デーが起こり，この年に連邦政府に環境保護局（Environmental Protection Agency: EPA）が設立された。これにより，それまで自然保護が中心だった政府の政策も，公害問題を含んだ幅広い環境問題全般をカバーするようになったのである（岡島 1990: 149）。環境問題は，レクリエーションの場や景観美としての自然の消滅という側面と環境汚染という側面の両面を含みながら，全体として我々の「生活の質」への脅威と急速に見なされるようになった（ダンラップ/マーティグ 1993: 4）。1972年には国連人間環境会議において，「宇宙船地球号」が比喩として用いられ，「かけがえのない地球」が標語となり，1979年には，スリーマイル原発事故などが引き金となって，環境汚染と人体の健康との関係に人々は危機意識と関心をもつようになった。1970年代において，環境問題は社会問題として認知されるようになっていったのである。

・

環境汚染に対する抗議運動の幕開け――ラブキャナル事件

以上のような時代の流れのなかで，人々は自分たちの身体や生活が環境汚染によって危険に晒されていることに憤り，環境汚染に対する抗議運動が一般の市民による草の根運動という形で，次々と湧き起こってきた。

アメリカで最初の草の根運動は有害産業廃棄物汚染問題に対峙したラブキャナル事件である。1940年代以降，フッカー・ケミカル・アンド・プラスチック社はニューヨーク州ナイアガラ・フォールズ市のラブ運河跡地に大量の有害化学物質を投棄し埋め立てた。1976年ごろから，その埋立地周辺の地域で深刻な土壌汚染，飲料水汚染が発生した（フロイデンバーグ/シュタインサピアー 1993：72）。

1978年にラブキャナル地区に住んでいた主婦ロイス・ギブスの息子が重度の呼吸障害になった。息子の症状だけでなく，同じ街の他の子どもたちを悩ませている異常な病気に不安を感じたギブスは，ラブキャナル住宅所有者協会を組織して，ニューヨーク州政府に苦情を持ち込んだ。ニューヨーク州保健局長官は，埋立地には「公害問題があり，住民の健康，安全，福祉にきわめて重大な脅威と危険をもたらしている」と発表したが，その後何の対応もなされなかった。

1980年になってようやく検査官がこの地域を調査したとき，ギブスと他の住民たちは，訪れた検査官を数時間「人質」にとって，必要な措置を取るという約束を求めた。2日後にジミー・カーター大統領がやって来て，ラブキャナルは「国家指定の災害地域」であると宣言した（ダウィ 1998：161-162）。子どもの健康を守りたいと願う一主婦の働きかけが政府を動かしたのである。このラブキャナル事件はのちに汚染地域の浄化と企業補償責任を定めたスーパーファンド法制定（1980年）のきっかけとなる（フロイデンバーグ/シュタインサピアー 1993：73）。

・

環境正義運動の始まり

このような草の根運動の土壌が成立したうえで，1980年代にアフリカ系アメリカ人が住民の多くを占める地域において，有害廃棄物処理施設が集中していることに対する抗議運動が起こった。今まで抵抗できずにいた人たちもようやく動き出せるようになったのだ。アフリカ系アメリカ人が環境的な人種差別に対して初めて全米規模の抗議行動を行ったのは1982年のことである。それは，住民のほとんどがアフリカ系であるノースカロライナ州ウォーレン郡が，きわめて有害なポリ塩化ビフェニル（PCB）で汚染された土壌の埋立地に選ばれたことがきっかけであった（バラード/ライト 1993：80-81）。このように環境に関わる人種差別を批判した運動は「環境正義運動」と呼ばれる。この環境正義運動において，運動家たちは，白人中産階級の男性が行ってきた従来の自然保護運動が，マイノリティや有色人種，**先住民族**の置かれている「環境」を視野に入れてこなかったことを批判し，こうした弱い立場に立たされている人々が被っている環境被害を次々と明るみに出していった（Adamson et al. 2002: 4）。たとえば，1500万人以上のアフリカ系アメリカ人が規制されていない有害廃棄物処分場のある地域に住んでいたとか，アジア系アメリカ人，太平洋諸島出身者，アメリカ先住民の約半数もそのような地域に住んでいたということが明らかになっていったのである（ダウィ 1998：182-183）。

2｜環境正義運動の成果

「環境人種差別」という言葉の誕生

アメリカ環境正義運動の重要な成果のひとつは，環境負荷の不公平な分配が人種差別と結びついているという現実を看破したことである。合同キリスト教会人種的正義委員会（the United Church of Christ Commission for Racial Justice）は1987年に，危険廃棄物施設の設置場所と人種の関係性を明らかにし，貧困地域や有色人種コミュニティに施設が集中していると報告した（Adamson et al. 2002: 4）。つまり特定の危険廃棄物施設が集中していた地域の人たちが健康の危機に晒されていたのだ。さらにその後，同委員会の最高責任者であったベンジャミン・チェイヴィス牧師は，「**環境人種差別**（Environmental Racism）」という造語を提示し，「環境人種差別とは環境問題の政策決定および法律規制の施行における人種差別である」（Adamson et al. 2002: 4）と定義した。これは，たとえば，有色人種コミュニティをあえて有害廃棄物施設の対象にしたり，有色人種コミュニティ内に存在する毒物や汚染物質を公的に認可したりする差別のことである。

環境正義は環境人種差別を是正する活動として始まった。環境正義とはすなわち，環境に関する政策は，人種に関わりなく，公平に決められ，実施されるべきであるということである。これは，いいかえれば，どの人種的グループも，政治的政策によって，負の環境影響を不均衡に負担させられてはならないということ，および，環境と健康に影響を及ぼすかもしれない決定に参加する機会をもつべきであるということである（神沼 2015：22）。

••

環境正義の原則

1991年にはワシントンＤＣでチェイヴィス牧師やロバート・バラードら環境正義運動のリーダーたちにより「全米有色人種環境運動指導者サミット（National People of Color Environmental Leadership Summit）」が開催された。アメリカ合衆国，カナダ，中央アメリカ，南アメリカ，マーシャル諸島から300を超える有色人種コミュニティのリーダーたちが，環境人種差別に対して立ち上がり，17項目からなる「**環境正義の原則**（Principles of Environmental Justice）」を掲げた。それは，500年以上続いてきた植民地化と抑圧からの政治的・経済的・文化的解放を確実にし，環境正義を広く遂行する深い意味での政治的公約を要点とする原則であった（Adamson et al. 2002: 4-5）。この原則のなかにはアメリカの政治過程に生かされたものもある。本章と関わりのあるいくつかをここで紹介したい。

4. 環境正義は，きれいな空気，土壌，水，食物に対する基本的権利を脅かす核実験および有害廃棄物と毒物の抽出・生産・処分からの普遍的な保護を要求する。
5. 環境正義は，すべての民族の政治的，経済的，文化的，環境的自己決定権に対する基本的権利を主張する。
6. 環境正義は，すべての毒物，有害廃棄物，放射性物質の生産停止および，すべての過去と現在の生産者が解毒および生産点での封じ込めに関して，民衆に対して厳格な責任を負うことを要求する。
7. 環境正義は，ニーズの評価，計画，実施，施行，事後評価を含む意思決定のあらゆるレベルで対等なパートナーとして参加する権利を要求する。
17. 環境正義は，我々が個人として母なる地球の資源をできるだけ少なく消費し，廃棄物の発生量をできるだけ少なくし，現在世代と将来世代のために自然界の健全な状態が確保されるように我々のライフスタイルを吟味し，優先順位を変える意識的な決定を行うように，個人的な消費者としての選択を行うことを求める。

（ダウィ 1998：付録A）

この他に，原則には多様な生物種の生態学的破壊を被らない権利（原則1）に始まり，正義に基づく公共政策（原則2）や土地利用の権利（原則3），労働者の権利（原則8），環境不正義に対する補償（原則9），政府の環境的に不正義な行為は国際法などで違法と見なす（原則10），先住民族の自己決定における権利（原則11），都市と農村のエコロジー的政策の必要性（原則12），人体実験の禁止（原則13），多国籍企業の環境破壊的な操業に対する反対（原則14），軍事的な占領に対する反対（原則15），社会的・環境的諸問題の意義を強調する現在世代と将来世代の教育を求める（原則16）などの権利を主張する事項が並ぶ（ダウィ 同前）。

有害廃棄物処理施設の設置問題から始まった草の根の環境正義運動は，アメリカ社会内にとどまらず，どの民族にも人間が人間らしく生きていくうえで最低限必要な権利があると主張している。また，その運動は，次世代に健全な自然環境が受け継がれていくよう地球規模で環境正義を掲げるまでに発展しているのである。

3｜日本における環境不正義

環境汚染の被害は社会的弱者に集中する

ここで再度，環境正義とは何かを確認してみよう。ジョセフ・R・デ・ジャルダンは「環境正義とは，環境便益と環境負荷の社会的な分配を問うことである」（Jardins 2001: 240）と定義している。アメリカにおいては有害な廃棄物の埋立地や焼却場，あるいは公害産業などの有害な施設建設の場が有色人種の居住地域に集中していた。つまり，有色人種というだけで自動的に不利益を被る不平等な社会の仕組みが構造上成立しており，環境人種差別が発生していた。このような制度化された人種差別は，先進国の産業発展のために発展途上国の森林伐採や砂漠化が促進される，あるいは，先進国の工場を発展途上国に作ることで，現地の土壌や大気，水質を汚染する公害輸出などのグローバルな問題にまで及んでいる。

日本の環境をめぐる差別問題としては，原発事故や原発立地の問題，公害問題，基地問題，廃棄物処理施設の設置問題などが挙げられる。日本においては「人種」というより「地方」「過疎地」あるいは「経済基盤の弱い土地」の問題，つまり社会的・経済的に不利な地域の問題として考えた方が理解しやすい。

日本における代表的な公害問題に水俣病がある。熊本県水俣市のチッソ水俣工場が排出したメチル水銀により，被害者は脳などの中枢神経を破壊され，命まで奪われた。貧しい漁村で自給自足的に魚を捕って食べていた漁民家族が犠牲になっていったのである。また妊娠中に母親が有機水銀に汚染された魚介類を食べることで，胎盤経由で水俣病が胎児にも起こることが何年も経ってから判明した。発生時においては企業や国は原因を究明することもなく沈黙を通し，患者となった漁民を相手にしなかったのだ。

このように水俣病の公害問題では企業は利益を優先して環境を汚染し，被害が社会的弱者に集中することが明らかとなった。社会的弱者とは，女性や胎児，幼児，障害者，老人，病人あるいは自然とともに生き，自然に依拠した暮らしをしている人々などである（原田 2004: 391）。原田正純によれば，「このような人々は自らの権利や意見を十分に表象できない，社会的にも少数派で弱者であることが多い。このような者たちだからこそ被害が集中し，被害の拡大を容易にし，救済を遅らせてしまうと考えられる」（原田 2004：391）。水俣病では実際に多くの患者が何も発言できずに亡くなっており，また水俣病に認定されない患者もいるなど，現在もまだ問題は残っている。政府が解決策を提示したのは水俣病の正式発見から40年も経ってからである。原田は「企業の幹部や官僚は次々と交替し，問題を先送りするという構造は他の公害問題にもみられ，この構造を変革しない限り悲劇は繰り返しおこり，被害は拡大し，被害者の救済は遅れ，不十分なものになる」（原田 2004：406-407）とも指摘している。

環境正義の原則7に掲げられているように，すべての人々には政策における意思決定に参加する権利がある。またシュレーダー＝フレチェットは，環境正義とは**分配の正義**と**参加の正義**の両方を含む概念であると述べ（Shrader-Frechette 2002: 6），自己決定権を主張するために必要不可欠な参加の正義の重要性を示している。社会的弱者の「声」に耳を傾けなければ，決して環境正義が実現することはない。

•••

先住民族の環境正義

環境正義の原則5は，すべての民族の政治的，経済的，文化的，環境的自己決定権に対する基本的権利を主張している。先住民族や少数民族など特定の民族が環境不正義を受けてきたからだ。たとえばアメリカでは19世紀にネイティブ・アメリカンへの強制移住を実施したり，第二次世界大戦中には日系アメリカ人やアラスカ先住民族アリュート人への強制移住を行ったりした。1946年には太平洋マーシャル諸島ビキニ環礁を原爆実験場に決定し，住民たちを強制的に移住させた。連邦政府はこれらの民族がそれまで築き上げてきた独自の生活や文化を侵害したのである。

このような先住民族に対する環境不正義はアメリカに特有のものではなく，日本でもたとえばアイヌをめぐって同様の問題が存在した。アイヌはもともと古くから北海道に住んでいる人々であり，自然の豊かな恵みを受けて，独自の生活と文化を築き上げてきた。しかし，独自の生活様式や文化は侵害され，明治以降は狩猟を禁止され，土地を奪われた。公の場ではアイヌ語の使用が禁じられ，日本語を使うことを強制されるなどの同化政策が進められた。アイヌの人々は生活の基盤や文化を失い，差別や貧困に苦しんだ。同化政策後，政府に対して何の抵抗も示してこなかったアイヌの人々が，二風谷地区の土地にダムの建設計画が持ち上がったときにはダム建設差し止め訴訟を提起した。ダム建設がアイヌ民族の権利の侵害であるという判決が出たときにはダムは完成しており，聖地はダムの水底に消えた後であった。しかし，この判決においてアイヌ民族は初めて，日本における先住民族であることが法的に認められたのである（飯島 2000：214）。ダム建設に適切な土地が他にもあったであろうにもかかわらずアイヌの聖地に建設したり，反対の訴訟を起こしてもダム建設が中止にならなかったりしたことは明らかに先住民族へ対する環境不正義である。

また，現在の日本政府はアイヌのみを日本の先住民として認識しており，琉球民族は独自の文化をもつが日本民族に含まれるとしている。その一方で，ユネスコは琉球・沖縄に特有の民族性，言語，歴史，文化，伝統があることを認めている。このため，沖縄県が戦後のトラウマを抱えたまま，70年もの間米軍基地問題などで不利益を被っていることは環境をめぐる差別問題にあたるのではないかと考え，国連人種差別撤廃委員会は先住民族としての権利を保護するよう日本政府に勧告を行うなどしている。

4 核の問題と環境正義

・・・・

ニュークリア・コロニアリズムと先住民族

広島と長崎に原爆が投下されてから，我々は「核の時代（Atomic Age）」に生きている。日本に原子爆弾が投下されたことと核実験が先住民族の地で実施され続けていることとは無関係ではない。冷戦期においては列強が競うように核開発や核実験を先住民族の地で行った。原則4と6で謳われていることからも明らかなように，核の問題は環境正義の問題である。核実験に使われる原料であるウランはどこから誰が採取するのか，核実験はどこで施行されるのか，あるいは核廃棄物の処理はどこで実施されるのかという問題を，我々は環境正義の問題として考えていかなくてはいけない。核実験を計画し行うことで利益を得る者と，核実験により汚染された場所で死と向き合いながら生きる者の間には明らかに不平等な関係が見て取れるからである。

アメリカは1945年から92年まで，少なくとも1278回の核実験を先住民族の大地や太平洋の島々で実施している（豊崎 1995：212）。核実験場のほか，核廃棄物の処理や投棄も先住民族の暮らす大地で行われる。さらに原料となるウラン鉱石の採掘も先住民族の暮らす大地で行われている。ナバホ族のティーンエイジャーでは，6つの器官のがんの比率が全国平均の17倍もあったとする報告もある（ダウィ 1998：182-183）。核実験だけではなく，採掘から運搬，製造すべての過程において，核を扱う行為は人の命を奪う危険な行為である。

太平洋諸島の環境正義運動を研究しているカレッツは，領土拡大を目指す伝統的な植民地主義に対置して，このコロニアリズムの形をニュークリア・コロニアリズム（**核による植民地主義**）であると指摘した（Kuletz 2002: 126）。それは環境的にも社会的にも現地に破壊的な被害を及ぼす活動である。

・・・・

日本における核の問題――フクシマと六ヶ所村

核による植民地主義のもとで人々がどのような犠牲を強いられるのかを，カレッツは明瞭に論じている。

> 「核による植民地主義のもとでは，核実験が実施され，その結果，地域村落が隔離され，故郷である村落が完全に破壊される。また，持続可能な自給自足による伝統的な経済が核兵器に依存する経済に取って代わられる。土着の言語や習慣，自立する機会が失われ，コミュニティや家族の絆が崩壊する。環境汚染が深刻化し，放射能による流産・奇形児，さらには癌に罹患する者が増加する。貧困由来のアルコール中毒症や自殺が増加し，健全な身体を失う。地方から都市部への大量移住により，都市部の人口増加が深刻化する。また西洋の大量消費文化の導入により，植民地政権への依存度が増加する」（Kuletz 2002: 129-130，引用者訳）。

これはマーシャル諸島のような核実験が行われた場所での出来事だと思われるかもしれない。しかし，このカレッツの文章の「核実験」という言葉を「原発事故」に，「核兵器」を「原子力発電所」に置き換えてみてほしい。核実験だけではなく，原発事故によってもニュークリア・コロニアリズムと同様のことが起こることが分かるだろう。実際に原発事故が起こったフクシマでは，放射能の被害は真っ先に子どもが受けることから，子どもを抱えた多くの母親たちが全国各地に自主避難した。彼女たちは見知らぬ土地で差別や偏見と戦いながら生活していくことに精一杯で，企業や国に抗議するのも困難になっている。

原子力発電所を稼働させれば必ず廃棄物が出る。日本はこの廃棄物処分の方法や場所を決めずに発電事業を開始した。現在原子力発電所で使用済みとなった核廃棄物は，青森県の下北半島にある六ヶ所村に運ばれる。六ヶ所村にはウラン濃縮施設，核燃料再処理施設，低レベル放射性廃棄物埋設施設，高レベル放射性廃棄物貯蔵所という核燃料関連の施設が建設されている。また下北半島には，使用済み核燃料中間貯蔵施設，国家石油備蓄基地，米空軍三沢基地，航空自衛隊三沢基地，米空軍天ヶ森射爆場，海上自衛隊大湊基地など多くのエネルギー産業施設や基地が混在している。

アメリカにおいては有色人種コミュニティに迷惑施設が集中していたが，日本では社会的・経済的に不利な「過疎地」に原子力発電所や核廃棄物処理施設などのエネルギー産業施設が集中し，環境不正義に晒されている。

参考文献

飯島伸子　2000『環境問題の社会史』有斐閣アルマ

岡島成行　1990『アメリカの環境保護運動』岩波新書

カーソン，R　1974『沈黙の春』青樹簗一訳，新潮文庫

神沼尚子　2015「環境正義思想に見る先住民族の世界――アリュート研究を中心に」琉球大学博士論文

コモナー，B　1971『科学と人類の生存』安部喜也・半谷高久訳，講談社

ダウィ，M　1998『草の根環境主義――アメリカの新しい萌芽』戸田清訳，日本経済評論社

ダンラップ，R・E／A・G・マーティグ　1993「アメリカ環境運動の展開――1970年から1990年の概観」ダンラップ/マーティグ編『現代アメリカの環境主義』満田久義監訳，ミネルヴァ書房，1-20頁

豊崎博光　1995『アトミック・エイジ――地球被爆はじまりの半世紀』築地書館

原田正純　2004「解説」石牟礼道子『苦海浄土』講談社文庫，387-408頁

バラード，R・D／B・H・ライト　1993「環境的な公正を求めて――アフリカ系コミュニティでの環境闘争」ダンラップ/マーティグ編，前掲書，75-96頁

フロイデンバーグ，N／C・シュタインサピアー　1993「草の根環境運動の生成と展開――"NIMBY"から"NIABY"へ」ダンラップ/マーティグ編，前掲書，51-73頁

Adamson, J., M. Evans & R. Stein 2002. Introduction Environmental Justice Politics, Poetics, and Pedagogy. In J. Adamson, M. Evans & R. Stein (eds.), *The Environmental Justice Reader*. The University of Arizona Press, pp.3-14

Jardins, J. R. D. 2001. *Environmental Ethics: An Introduction to Environmental Philosophy*. Wadsworth/Thomson Learning

Kuletz, V. 2002. The Movement for Environmental Justice in the Pacific Islands. In J. Adamson, M. Evans & R. Stein (eds.), *ibid.*, pp.125-142

Shrader-Frechette, K. 2002. *Environmental Justice: Creating Equality, Reclaiming Democracy*. Oxford University Press

Case Study｜ケーススタディ 8

環境のリスクの集中
沖縄県と青森県

現在，日本社会では実際にどのようなことが問題になっているのだろうか。沖縄県と青森県を事例にして，環境のリスクが集中するという環境正義の問題を考えてみよう。

沖縄県の事例

沖縄では，米軍普天間飛行場（沖縄県宜野湾市）の移設先，名護市辺野古沿岸部で，県民が反対するなか政府が土砂投入を開始した。普天間基地を返還する代わりに辺野古に基地を移設するというのだ。

> 「普天間基地の返還を目的とした基地の『整理縮小』案は，沖縄県内に『代替施設』をつくるというものであり，基地の『県内たらい回し』でしかありませんでした」（目取真 2005：111）。

辺野古移設に抵抗する県と，移設を進める国の姿勢は変わらず，対立は膠着状態が続く。

> 「土砂投入に至る過程で明らかになったのは，さまざまな関連法規が国の一方的な解釈によって骨抜きにされ，県との事前協議なしに，県の合意もないまま，作業が進められてきたことである」（沖縄タイムス2019年12月14日）。

玉城デニー知事は「民意を無視して土砂投入を強行するのは，民主主義を踏みにじり，地方自治を破壊する行為だ」（毎日新聞2019年12月14日）と政府の姿勢を厳しく批判している。辺野古移設に対抗する県と移設を進める国の対立が埋立開始後も続いている。

このような沖縄県の状況は環境正義の問題として捉えることができる。

そもそも，米軍基地が沖縄県に集中している。国土面積の約0. 6%しかない沖縄県に，全国の米軍専用施設面積の約70. 6%が集中している（沖縄本島の面積の約15%）。また現在，米軍普天間飛行場のある沖縄県宜野湾市は住宅密集地である。米軍飛行場周辺は騒音問題をはじめ，米軍機墜落事故，米軍兵による暴行事件など問題が後をたたず，周辺住民の負担は大きい。米軍基地のある場所はもともと沖縄住民の私有地である。基地建設のために立ち退かざるをえず，仕事を求めて海外へ移住した県民もいる。さらには米軍関係者以外立ち入ることのできないフェンスの向こう側に先祖代々の墓があることもある。環境正義の原則15では土地・民族と文化に対する軍事的な占領，抑圧，搾取に反対すると謳っている。また，移設先の名護市辺野古沿岸部は多種多様なサンゴやウミガメなどが棲息する自然環境が豊かな土地であり，ジュゴンのような絶滅危惧種が棲息する地でもある。この海はやんばるの森の豊かさとも密接に関わっている。このような土地に，県民が反対するなか，民意を無視して土砂投入を強行するのは，環境正義に反していないか。

青森県の事例

2020年1月4日の河北新報社説「核のごみと青森――最終処分への不安感を拭え」を読むと，青森県における核のごみ問題もまた，環境正義の観点から考えなければならない問題であることが分かる。

> 「数々の核燃料サイクル関連施設が集中立地する青森県。国内でも唯一の原子力施設を抱えるため，以前から核のごみの『最終処分地』になってしまうのではないかと危ぶむ声があった。

Case Study ｜ ケーススタディ 8

原発などを稼働させれば，放射性物質を含んだ廃棄物が伴う。放射能のレベルはさまざまだが，最も強い『高レベル放射性廃棄物』を一般的に核のごみと称している。

高レベル廃棄物は，原発で使用した後のウラン燃料からプルトニウムを取り出す『再処理』を行うと生じる。発生時点では液体だが，ガラスを加えて固め，地下深くへ埋設する計画になっている。資源エネルギー庁はその『地層処分』の理解を進めるため説明会を開催している。

青森県六ヶ所村には再処理工場があり，現在は試運転の段階だが，フランスとイギリスに委託して再処理した後に出た高レベル廃棄物をすでに保管している。また同村では使用済みのウラン燃料も大量に保管されている。再処理するために全国の原発から運び込まれた物だが，貯蔵プールは満杯状態になっている。

高レベル廃棄物の保管期間は30～50年と見積もられている。海外から青森県へ初めて運ばれたのは1995年で，すでに24年が経過した。最短であればあと数年で期限を迎えることになるが，それまでに最終処分地を建設することはほぼ不可能だろう。

国は少なくとも再処理事業の具体的な将来像を示し，高レベル廃棄物がどの程度の量に達するのか説明すべきだ。何の見通しもないまま『最終処分地にしない』と繰り返すだけでは，いずれ青森県も納得しなくなるだろう」（河北新報 2020年1月4日）。

環境正義の原則4と6において，環境正義は，有害廃棄物と毒物の抽出・生産・処分からの普遍的な保護および有害廃棄物や放射性物質の生産停止，また封じ込めに対する責任を負うことを要求している。

原子力発電所の事故による放射性物質の脅威に注目するだけではなく，原子力発電所を稼働させれば出てくる放射性廃棄物の問題にも関心を寄せなければならない。青森県下北半島には先述したように核の処理施設が集中し，高レベル放射性廃棄物という核のごみ捨て場，ウラン燃料の保管場所にもなっている。高レベル廃棄物は地層処分する計画であるが，放射能を出さなくなるまでに10万年の月日を要する。地震や火山，津波など自然災害の多い日本列島で10万年もの間安全であるとは考えられない。シューマッハーは1973年に早くも警鐘を鳴らしている。

「いかに経済がそれで繁栄するからといって，『安全性』を確保する方法も分からず，何千年，何万年の間，ありとあらゆる生物に測り知れぬ危険をもたらすような，毒性の強い物質を大量にためこんでよいというものではない。そんなことをするのは，生命そのものに対する冒涜であり，その罪は，かつて人間のおかしたどんな罪よりも数段重い」（シューマッハー 1986：190-191）。

環境正義の原則17においても将来世代のために自然界の健全な状態が確保されることを重視し，意識的な決定を行うように求めている。

核汚染という環境のリスクが青森県下北半島に集中していることに加えて，そもそも核のごみを大量につくりだすということが環境正義に反していないだろうか。

参考文献

鎌田慧　2011『六ヶ所村の記録――核燃料サイクル基地の素顔』上巻，岩波現代文庫
シューマッハー，E･F　1986『スモール　イズ　ビューティフル』小島慶三・酒井懋訳，講談社学術文庫
目取真俊　2005『沖縄「戦後」ゼロ年』NHK出版

Active Learning　アクティブラーニング 8

Q.1

核実験マップを作成してみよう。さらに女性科学者猿橋勝子について調べてみよう。

世界のどこで核実験が行われているか調べて核実験マップを作成してみよう。さらに，日本で始まった草の根の反核運動により1957年にアメリカ，ソ連，イギリスが「部分的核実験禁止条約」を締結し，大気圏での核実験禁止を定めた過程について調べ，そこで女性科学者である猿橋勝子がどのような活動を行ったのか調べてみよう。

Q.2

原子力発電所立地マップを作成してみよう。さらに原発のある自治体が抱えている問題について調べてみよう。

日本の原子力発電所の問題を理解するため，原子力発電所立地マップを作成してみよう。さらに原発のある自治体をひとつ選び，どのような問題を抱えているのかを調べてみよう。

Q.3

日本の公害事件について調べてみよう。

日本で起きた代表的な公害事件には，本文で取り上げた熊本の水俣病のほか，新潟水俣病，イタイイタイ病，四日市公害がある。これらの事件からひとつを選び，どのような不正義が発生していたのか，そしてそれを是正するためにどのような運動が展開されたのか調べてみよう。

Q.4

環境正義にまつわる映像作品を見てみよう。

『HIBAKUSHA～世界の終わりに～』『六ヶ所村ラプソディー』『ミツバチの羽音と地球の回転』『誰も知らない基地のこと』『東京原発』『エリン・ブロコビッチ』など環境正義について考える格好の映像作品が多くつくられている。以上に挙げた作品からひとつ選んで鑑賞し，感想をレポートにまとめてみよう。

第9章

リスクと予防原則

科学技術のリスクに晒されるいのちに対する責任

山本剛史

生物学者レイチェル・カーソンは，環境中に人間が散布した農薬が害虫を駆除するだけでなく生態系全体に悪影響を及ぼすことを告発する『沈黙の春』を1962年に刊行した。そのなかでカーソンは，農薬をはじめとする人工化学物質に加え放射性物質が環境問題の核心であると述べている。ところが，これらが環境汚染や健康被害をもたらした場合，その原因と結果の関係が目に見えて分かることはごくまれである。このような状況を分析して，社会学者ウルリヒ・ベックは私たちが生きる現代社会のことを「リスク社会」と呼んだ。「リスク社会」において，リスクと向き合って生きるために今日では「予防原則」に基づく政策や経済活動が求められる。

しかし一方で，私たちは福島第一原発事故を終息させることのできない世界に生きている。しかも，予防できなかった事故がもたらすリスクをのど元に突きつけられたまま，私たちだけでなく，次世代以降も生き続けなければならない。科学技術の進歩がもたらした「リスク社会」で命をつないでいくための環境倫理学とは，どのようなものになるだろうか？

KEYWORDS #リスク社会 #化学物質 #リスク管理 #予防原則 #放射線防護 #責任

1｜私たちの生きる時代

・

リスク社会とは何か？

本書第8章「環境正義」では，科学技術がもたらす利益を享受するばかりの集団と，不利益を被るばかりの集団との間の不公正が問われた。しかしウルリヒ・ベックは，『危険社会』のなかで，現代においては程度の差こそあれどんな社会集団もリスクに晒されていてリスクからの逃げ場がないと説く。たとえば，現在地球に生きるすべての人間の血液中にはダイオキシンが含まれているといわれている。人類が産業活動によって図らずも放出したダイオキシンが，そのような産業活動から遠い地域にまで大気循環や水循環を通して拡散されているのである。また，破壊された福島第一原発からは防ぎ切れない放射性物質を含む汚染水が日々流出し，すでに広く太平洋全体を汚染している。私たちは自然そのものとリスクをもたらす物質とを一体化させて，自然をいわば「第二の自然」へと変質させてしまっているのだ（ベック 1998：1-6）。

こうして，すべての人間集団がグラデーションのようにリスクに晒されているという状況のもとで，リスクをビジネスに結びつけて利潤を得ようとする動きが出てくるとベックは分析する。これにはたとえば国費で行った原発事故後の除染が該当すると思われる。2016年に経済産業省は，除染および中間貯蔵施設に関連して約6兆円が必要になると試算したが，それらのようなものから派生するビジネスから得られる利益も，リスクが発する脅威によりいずれ霧消するとベックは説く（ベック 1998：70-71）。

被ばくに限らずほとんどの場合，五感で直接にはリスクを知覚できない。つまり，測定器具ないしそれを扱う知と技がなければ，リスクを認知することができない。認知できないにもかかわらず確かにリスクはある。後述するが，放射線被ばくのリスクに有害と無害の分け目であるしきい値は存在せず，どれほど線量が低くてもその線量に対応した何らかの被害のリスクがあると考えられる。そのような知覚できないものに対して，私たちは「不安」を抱く。

私たちは「不安」自体が原因で死ぬことはおそらくない。しかし「第二の自然」に内在するリスクは生命や健康に対する不安ばかりか，財産や仕事，家庭生活，人間関係などに対する多様な不安をもたらす。したがって，**リスク社会**では，多種多様な個人的あるいは社会的な不安が各人に浸透しているといえる。

•

リスクの諸相

ベックがリスクを社会的・政治的文脈のなかに位置づけて解するのに対し（畠山 2016：26），今日リスクの定義は「リスク＝ハザード（危険な事象そのもの）×発生確率」という公式で与えられることが多い。EPA（アメリカ環境保護局）ではこの公式を念頭に，リスクを「ある事象を確率的手法を用いて概念化することを含意した用語」と規定する（畠山 2016：27）。こうすることによって，リスクを数値で評価することが可能となり，コスト－ベネフィット分析やリスク－ベネフィット分析の数式モデルに代入する値を提示できるようになる。

ある**化学物質**を管理することを想定してみよう。生命に対する影響の大きさ自体，たとえば急性毒性値の大小のみによって悪影響の大きな物質を規制するやり方をハザード管理という。対して，化学物質が有害であるとしても曝露する量を十分に小さくすれば許容できるという考え方に基づく管理が**リスク管理**である。リスク管理において，どの程度のリスクが許容できるかを決めるための評価基準の設定は，判断する側の人間の価値観による。価値観のところに，経済学的にリスク－ベネフィット分析を代入して決定するやり方が一般的である。

とはいえリスク管理にしてもハザード管理にしても，何をハザード，あるいはハザードの原因物質と見なすのかという評価対象の選択は客観的科学の枠に収まらない。また，これらの管理は個人ではなく集団を対象としている。たとえ規制値未満だったとしても，対象への感受性は人それぞれなので，実害を被る人がいるかもしれない。実例を挙げると，柔軟剤や消臭剤などに含まれるイソシアネートという物質が原因の化学物質過敏症の患者がいるが，同じ濃度のイソシアネートに曝露しても健康に影響のない人間もいる。そして，イソシアネートが有害であるという社会的合意が形成途上であるために，いまだハザードないしリスクとして法的には規定されずにこれを含有する商品が日本では販売されている（古庄 2019）。

そもそも，すべてのハザードに対して発生確率は解明されているのだろうか？リスク管理を念頭に，なおかつ発生確率が解明されていない場合，「不確実性」

と称してリスクと区別する。欧州環境庁が2001年にまとめた報告書『レイト・レッスンズ』は，「伝統的なリスクアセスメント（評価）は不確実性の下で適用するには守備範囲が狭すぎる」（欧州環境庁編 2005：310）と記し，定量的なリスク管理だけでは限界があることを示している。さらに，管理の対象となるハザードがすべて明らかになっているわけでもない。後述する予防原則に関して適用の実例を通して考察した『レイト・レッスンズ』が強調するのは，予防原則適用の是非を検討する者たちがその過程で「無知」に直面させられるという点である。「不確実性」どころか，そのような危険な事象があることさえ分からなかったという事態である。定量的なリスク管理の限界をふまえ，将来にまで至る健康影響，環境被害を見据えた対策の指針が求められる。それが予防原則である。

・

予防原則とは何か？

環境問題全般に対して初めて国際的に規定された**予防原則**は，1992年にブラジルのリオデジャネイロで開催された「国連環境開発会議」で採択された「環境と開発に関するリオデジャネイロ宣言」（リオ宣言）第15条である。

> 「環境を保護するため，予防的方策は，各国により，その能力に応じて広く適用されなければならない。深刻な，あるいは不可逆的な被害のおそれがある場合には，完全な科学的確実性の欠如が，環境悪化を防止するための費用対効果の大きい対策を延期する理由として使われてはならない」（環境省HP「環境と開発に関するリオ宣言」）。

これは「弱い予防原則」と呼ばれることがある。つまり，不確実性が政府企業などの当事者の不作為の弁解にならず，対策をとることを妨げないものとして解される。予防原則がリオ宣言以降普及する以前は，被害が科学的に確実に予想される場合に防がねばならないという「未然防止」原則が一般的であった。しかし，科学的に不確実な場合，あるいは被害が予想されていない場合はたとえ被害が発生していても対策を取らないことがむしろ正しい対応ということになってしまう。「弱い予防原則」はこの未然防止的対応では不十分だと主張していることになる。

これに対する「強い予防原則」は，1998年のウィングスプレッド会議で採択された「ウィングスプレッド宣言」が代表的である。

「(前略) ある行為が人間の健康や環境に対する脅威であるときには，その因果関係が科学的に完全に解明されていなくとも，予防的方策をとらなければならない。予防原則では，立証責任は，市民ではなく，その行為を推進しようとする者が負うべきである。予防原則の実現プロセスは公開された民主的なものでなければならず，また，影響を受ける可能性のある関係者のすべてが参加していなければならない。活動自体の取りやめを含む，あらゆる代替策の検討も必要である」(環境省HP「予防原則に関するウイングスプレッド宣言」)。

リオ宣言とウィングスプレッド宣言を比較すると，リオ宣言では「～延期する理由として使われてはならない」とあくまで「未然防止」の不十分さを指摘するにとどまるのに対し，ウィングスプレッド宣言は「～予防的方策を取らねばならない」と政府企業などの行為主体に対して予防的行為をより積極的に義務づけている。ちなみに，畠山は米国内の議論を俯瞰して「強い予防原則は，環境規制の立案にあたって環境リスク以外の事項を考慮することを認めず，規制の費用や規制に伴う対抗リスクを考慮することを禁止するもの」とまとめている（畠山 2019：142)。

ウィングスプレッド宣言はまた別の特徴をもつ。リオ宣言第15条を注意深く読むと，リスクやハザードを誰が立証するのかが述べられていないことに気づく。「予防原則」一般化以前の「未然防止」においても，立証責任は行為主体側に明示的に課せられてはいない。そうであってみれば，過去の水俣病の事例に典型的なように，リスクやハザードの立証は事実上危害を被る側に立つ者が行うより他なくなる。しかし，ウィングスプレッド宣言には，行為主体側が逆に無害であるかもしくはリスク対策の後に残る「残余のリスク」が受け入れ可能であることを立証せねばならないと記されているのだ。さらに，ウィングスプレッド宣言は，専門家がリスクの評価や管理を占有し，非専門家に対して一方的にリスクの性質や程度，そして対策を啓蒙するリスクコミュニケーションを退け，専門家であるか否かにかかわらずすべての利害関係者がリスク評価の段階から参加する双方向のリスクコミュニケーションを要求するのである。

2 リスク管理の現状と歴史

REACH規制

予防原則は空論ではなく，すでに大規模に実践されるようになって久しい。2007年から施行されているEUのREACH（Registration, Evaluation, Authorization and Restriction of Chemicals）は，加盟国域内で人工化学物質を製造，輸入するすべての事業者に対し，欧州化学品庁へ当該化学物質の届け出を義務づける制度である。届け出がなされない場合は，製造や輸入が禁じられるのだ。

この制度の特徴は，化学物質の危険度を4段階に分ける点である。まず，事業者は年間1t以上生産・輸入する化学物質をすべて①登録（Registration）しなければならない。その際，新規既存を問わずその物質の用途，物理化学的な性質や毒性学的な情報などについて届け出なければならない。そのなかでも年間10t以上生産・輸入される化学物質については所定の追加項目に関する評価を提出しなければならない。化学品庁はこうして提出された情報を②評価（Evaluation）する。その過程でREACHが定める所定の物質に該当する場合，事業者は追加のリスク評価を行い「化学物質安全性報告書」を提出する必要がある。そして，発がん性，変異原性，生殖毒性，難分解性・生態蓄積性・毒性（PBT: Persistent Bio-accumulative and Toxic），難分解性・生態蓄積性（vPvB: very Persistent and very Bio-accumulative），内分泌かく乱性のいずれかがあると認められ，「認可の対象となる物質のリスト」に掲載されている物質は，その物質の生産や使用による社会経済的利益が人の健康や環境へのリスクを上回り，かつ適当な代替物質，代替技術がない場合に限り，③認可（Authorization）が付与され，使用が許可されるのである。また，化学品庁があらかじめ生産や使用の用途を④制限（Restriction）する物質もリスト化されている（日本科学者会議・日本環境学会編 2013：25-33）。

このように，REACH規制は安全性の立証責任を事業主体に負わせている。また，化学物質を原料として販売する事業者は，その物質を使用して製品製造を行う事業者などに当該物質の「安全性データシート」を受け渡すことを推奨される。化学品庁はこのような形で情報公開を求めている。「強い予防原則」の実践ともいえるこうした管理制度は，他にも中国や韓国に類似のものを見ることができる（松浦・加藤・中山編 2018：12-17，52-53）。

••

放射線防護の歴史——その始まり

化学物質の他に，**放射線防護**についてはどのようになっているだろうか。放射線による被ばくからの防護は当初，ラジウム工業生産（時計の夜光塗料に当時用いられていた）や医療における被ばくを念頭に置いていた。1928年に発足した国際X線およびラジウム防護委員会（IXRPC）は，長期間にわたって健康被害が生じない線量の上限である耐容線量として500mSv/年を規定した。いうなればば当初の被ばく管理はハザード管理であった。

ところが，1938年のウランの核分裂の発見が原子力の軍事利用の突破口になった。広島と長崎への原爆投下による被ばく者の研究がアメリカ主導で進められるうち，どれだけ被ばく線量が低くても，線量に応じた危害が生じることを否定できないという遺伝学者の意見が，更なる軍事利用の足かせとなる可能性が出てきた。そこで登場したのがリスク受忍論であり，これに対応する許容線量である。IXRPCを改組して誕生した国際放射線防護委員会（ICRP）は，1950年に出した勧告で「その生涯のいかなる時点においても平均的人間に目に見える身体的障害を生じない電離放射線の線量」という許容線量の定義を導入した。中川保雄によると，放射線への感受性が人それぞれである以上，放射線障害が本人，その子孫に発生する可能性を許容線量は排除していない。一方で，遺伝学者の意見にも配慮して，1950年勧告は被ばく線量を「可能な最低レベルまで」下げることを求めたのであった（中川 2011：43-44）。

••

放射線防護の歴史——その展開

アメリカとソ連（当時）の冷戦状態が続き，イギリスやフランスも核武装し，かつ原子力発電の実用化が各国で目指されるようになると，当初の医療被ばくや産業被ばくから，完全に核兵器ないし原子力発電に関連する被ばくへと問題が移行する。中川保雄は1958年のICRP勧告が「原子力開発等によって新たに付け加えられる被ばくリスクは，‘原子力の実際上の応用を拡大することから生じると思われる利益を考えると，容認され正当化されてよい'」という「リスク－ベネフィット論」的な考え方に基づいていると指摘する（中川 2011：85）。それを表すのが「実行可能な限り低く（as low as practicable: ALAP）」原則である。ALAP原則は1965年勧告では「容易に達成できる限り低く（as low as readily achievable: ALARA）」原則に，さらに1977年勧告では米国の「電離放射線の生物学的影響に関する諮問委員会（BEIR）」の報告書の思想が反映されて，「合理的に達成できる限り低く（as low as reasonably achievable: ALARA）」原則へと変化していく。この「合理的に」という言葉は，中川にいわせれば，線量低減のための費用とそこから得られる利益を比較して前者の方が大きいのであれば被ばくが容認されるという意味なのだ（中川 2011：145-146）。つまり，「コスト－ベネフィット分析」が導入されたのである。コストとはリスク回避の費用を指す。驚くべきことに，77年勧告にやはり先立ちICRPは，放射線被ばくのリスクを「比較的安全とされる他の職業上のリスクと同程度」であるという考え方を採用した（中川 2011：150）。この考え方によって，もはや「可能な最低レベルまで」被ばくリスクを下げることは顧みられなくなる代わりに，コストの低減への道が開ける。また，原子力の場合，核廃棄物の処理もコストに含まれるが，これは国家の仕事である。そこで，原発からの利益の最大化と，防護費の総計と集団被ばく線量というコストの最もよいバランスを産出することが目指されるのである。これを「最適化」と称するようになる（中川 2011：148-149）。

••

チェルノブイリから福島へ

こうした考え方の延長線上にICRP2007年勧告がある。このなかに，1986年のチェルノブイリ原発事故の経験を参考に，事故時のリスク管理の指針が示されている。07年勧告は重大事故が発生し，線源がまだコントロールされておらず，（事故が継続するなかで変化するとはいえ）高い線量下にあることを指す「緊急時被ばく状況（20～100mSv／年）」，線源がコントロールされていて，平常時より相対的に線量が高いが安定して長期にわたって持続する線量下にある「現存被ばく状況（1～20mSv／年）」，そして平常時と等置される「計画被ばく状況（1mSv／年未満）」の3区分を設ける。加えてICRPは，「緊急時」であれば作業員は500～1000mSv／年，住民は20～100mSv／年，「現存」であれば住民は1～

20mSv／年という「参考レベル」の幅のなかに収まるように被ばく軽減策をとるように提言している。

日本政府は，基本的にこの07年勧告の内容を踏襲して，東日本大震災が引き起こした福島第一原発事故後の復興を進めてきた。2012年に制定された「放射性物質汚染対処特措法」に基づき，福島県内の避難指示区域をはじめとして除染が進められた。追加被ばく線量20mSv／年を下回ると判断されれば除染が終了することはよく知られている。しかしこれはハザード管理ではないから，20mSv／年を下回れば科学的に安全が保証されるわけではない。ICRPも日本政府も，上述の「最適化」原則を適用し，「重大事故の収束や汚染地域での生活の維持を理由に，被ばくによって失われる労働者や住民の命の値段と，管理，除染などの対策の費用などを天秤にかけ，これらの合計で与えられるコストを最小化する」ことを目論んでいるのである（中川 2011：296-297）。

3｜リスク社会の環境倫理学

予防原則に関する倫理学的分析

このように，現在の日本はまさにベックのいう「リスク社会」である。ICRPはコスト－ベネフィット分析を被ばくリスク管理に導入しているとはいえ，100mSv以下のいかなる急性症状も現れないとされる低線量被ばくについて，線量がどれほど低くても比例して危害が生じるという「しきい値なしモデル」を採用している。一方で，日本学術会議は報告書『子どもの放射線被ばくの影響と今後の課題』で，「しきい値なしモデル」の科学的信頼性について「専門家間で見解の相違がある」と記している（日本学術会議 2017）。

低線量被ばくは，汚染水処理や除染土壌の再利用などからも分かるように，日本全体の問題である。このようなリスク社会において，リスクを低減ないし回避するためのコスト－ベネフィット分析と予防原則の関連について，倫理学的に考察したのがJ･アルドレッドである。アルドレッドは将来に対する不確実性がある場合に，リスクと予防原則に関する問題が生じるとする。リスク管理をコスト－ベネフィット分析を通して行う場合，低減ないし回避したいハザードがあったとして，たとえ発生確率が客観的には明らかでないとしても，さまざまな手法で発生確率にあたる数値を割り当てることで，そのコストを算出できるという前提があるとアルドレッドは考えている（Aldred 2016：321-324）。

しかしそのような計算により，たとえば私たちは生活の便利さと自分自身の健康のような，同一水準で比較できないものを比べてしまっているのではないか？もっと正確にいえば，生活の便利さと自分自身の健康とでは，比較にならないくらい後者の方が大事だ，と直観的に考えるのではないか？アルドレッドはこのような事態を共約不可能性（incommensurability）と名づける（Aldred 2016：326）。そして，予防原則適用が正当化されるか否かが，不確実性と共約不可能性の問題であるとする。不確実性が大きければ大きいほど，共約不可能性は予防原則適用の正当化のための必要度が小さくなり，逆に共約不可能性が大きければ大きいほど不確実性の必要度が小さくなるのだ，という（Aldred 2016：329）。そして，アルドレッドは予防原則が共約不可能性自体を排除するようなリスク管理とは本質的に異なると結論づけるのだ（Aldred 2016：329-330）。

これまで見てきたように，日本国内外を問わず，放射線防護管理は軍事を含む原子力利用に門戸を大きく開いたままにするために，人命に至るまであらゆる要素を共約可能なものとしてきた。子孫にまで及ぶ被ばくリスクを低減しようとするなら，とりわけ共約不可能性に鑑みてあらためて予防原則にもとづく防護基準を再検討すべきだろう。

・・・

リスク社会で生きる――「私たち」の責任をどう担うか

アルドレッドは予防原則を倫理学的に正当化する根拠として，「持続可能性」を挙げた。H・ヨナスの「未来倫理（Zukunftethik）」（ヨナス 2000）であれば，「人間は存続すべし」という根本義務に応じる人間自身の「**責任**」において予防原則は正当化されるだろう。ヨナスの「未来倫理」は，人類による科学技術力の行使の影響が子々孫々にまで及ぶことをふまえて，新たに切り拓かれたものだ。それゆえ，行為主体となるのは一人ひとりの「私」ではなく，「私たち」という集団である。集団で責任を果たすとはどのようなことか？本章でとり上げたREACH規制のように，予防原則を制度化することによって集団の責任を果たしていくことは，今後化学物質規制以外の分野でも求められるだろう。また，R・フォン・ショーンベルクは，科学技術に対する責任が今日では科学者や技術者の職業倫理には収まらないと主張している。収まらない，ということは，たとえ素人であっても皆がそうとは知らずに実はその責任を負っている，ということだ。科学技術のもたらす影響は，科学者や技術者が実現したかったこととは異なっていることが実に多いし，経済や政治にも及ぶ（Schomberg 2010：61-62)。さらにその影響は私たちの身体や環境にまで及び，見通すことが困難である。その影響は，たとえば被ばくして病む苦しみが一番の人もいれば，被ばくによる病への不安によって家族のきずなが壊れることが一番の苦しみの人もいるように，個々別々である。科学だけでは確定できない影響を社会的にどのように受け入れ，あるいは防いでいくのか，公開討論が必要だとショーンベルクは述べる（Schomberg 2011:17)。アルドレッドに照らして補足するなら，その公開討論は私たちにとって真に共約不可能なものとは何かを見定めようとするものとなるはずである。そうした開かれた社会においてはじめて，集団の責任を果たす道が開かれるといえる。

参考文献

欧州環境庁編　2005『レイト・レッスンズ――14の事例から学ぶ予防原則』松崎早苗監訳，七つ森書館

環境省ホームページ「環境と開発に関するリオ宣言」http://www.env.go.jp/council/21kankyo-k/y210-02/ref_05_1.pdf（最終閲覧2020年6月5日）

環境省ホームページ「予防原則に関するウイングスプレッド宣言」https://www.env.go.jp/policy/report/h16-03/mat15.pdf（最終閲覧2020年6月5日）

中川保雄　2011『増補　放射線被曝の歴史――アメリカ原爆開発から福島原発事故まで』明石書店

日本科学者会議・日本環境学会編　2013『環境・安全社会に向けて――予防原則・リスク論に関する研究』本の泉社

日本学術会議ホームページ　2017「報告　子どもの放射線被ばくの影響と今後の課題――現在の科学的知見を福島で生かすために」http://www.scj.go.jp/ja/info/kohyo/pdf/kohyo-23-h170901.pdf（最終閲覧2020年6月5日）

畠山武道　2016『環境リスクと予防原則Ⅰ　リスク評価［アメリカ環境法入門］』信山社

――　2019『環境リスクと予防原則Ⅱ　予防原則論争［アメリカ環境法入門2］』信山社

古庄弘枝／被害者・発症者の声　2019『マイクロカプセル香害——柔軟剤・消臭剤による痛みと苦しみ』ジャパンマシニスト社

ベック，U　1998『危険社会——新しい近代への道』東廉・伊藤美登里訳，法政大学出版局

松浦徹也・加藤聰・中山政明編　2018『製造・輸出国別でわかる！化学物質規制ガイド』第一法規株式会社

ヨナス，H　2000『責任という原理——科学技術文明のための倫理学の試み』加藤尚武監訳，東信堂

Aldred, J. 2016. Risk and Precaution in Decision Making about Nature. In *Oxford Handbook of Environmental Ethics*. Oxford University Press

von Schomberg, R. 2010. Organising Collective Responsibility: On Precaution, Codes of Conduct and Understanding Public Debate. In U. Fiedeler et al. (eds.), *Understanding Nanotechnology*. AKA Verlag Heidelberg

——　2011. Prospects for Technology Assessment in a framework of responsible research and innovation. In M. Dusseldorp & R. Beecroft (eds.), *Technikfolgen abschätzen lehren: Bildungspotenziale transdisziplinärer Methoden*. Wiesbaden

Case Study ｜ ケーススタディ9

実現しなかった「仮の町」
原発事故時の予防原則的対応

2011年3月11日に起こった大地震と大津波により，東京電力福島第一原子力発電所は致命的な打撃を受けた。原子炉5・6号機の立地自治体（1〜4号機は大熊町）だった双葉町長井戸川克隆（当時）は，11日から12日にかけて，自治体首長として町内で住民避難の陣頭指揮を執っていた。12日午後の1号機ベント（炉内の圧力を下げるための蒸気放出）とその後の1号機爆発により放出された放射性物質を他の町民とともに直接浴びた井戸川前町長は，14日の3号機の爆発を受けて，全町民をなるべく原発から離れた所へ避難させようと決断する。約7000人の町民に1カ所になるべく集まってもらうために，7000人に近いキャパシティのある「さいたまスーパーアリーナ」へと3月19日に福島県川俣町の避難所から避難した。

その後，上田清司埼玉県知事（当時）からの提案を受け，廃校になった旧騎西高校（加須市）の校舎へと移る。双葉町は，2013年6月までの約2年あまりの間，騎西高校に町役場を置くと同時に，2013年12月まで騎西高校を避難所として避難生活を続けた。役場機能を県外に置いたせいもあり，福島県内に避難した住民と埼玉県をはじめとする県外に避難した住民との間に軋轢が生じてしまうという問題があった。町民の避難先は福島県内外さまざまであったが，そもそも騎西高校に籠城した井戸川前町長のその次の目論見は何であったか？

井戸川前町長は放射性物質の半減期の長さを考えて，元の双葉町へは町民全員ことごとくがこの先帰れなくなることを見越し，放射線被ばくリスクのない土地に「仮の町」を建造し，双葉町民を丸ごと収容する計画を立てていた。「仮の町」とは単なる復興住宅ではなく，森ビルが都内一等地の再開発事業として行っている「六本木ヒルズ」などと同じ，人工地盤の上に双葉町を丸ごと収める生活拠点を築くという本格的なものである。その一方で，具体的に「仮の町」でどのような生活を営むかについて，井戸川前町長は「7000人の復興会議」と

Case Study ｜ ケーススタディ 9

いうプロジェクトを立ち上げ，「仮の町」という器で具体的にどのようなまちづくりをしていくか，町民のボトムアップで定めていこうとしていた。そして「仮の町」構想の何よりの特徴は，世代交代して放射性物質の半減期が繰り返された後，アメニティに優れる「仮の町」を売却し元の双葉町へ帰還し生活を立て直す資金にしようとしていたことである。半恒久的な建造物に「仮の町」と名づけた理由は，まだ見ぬ子孫たちの故郷への帰還を視野に入れていたからである。

この一見破天荒な計画は，当時の森ビル社長森稔（故人）から資金調達も考えたうえで実現の可能性ありと認められていたものである。原発事故からの避難は「原子力災害特別措置法」に基づいて指示されるが，その後の対応は「災害救助法」に基づく。しかし，「災害救助法」は自然災害を念頭に構成されているため，被ばくを避ける長期の避難を前提としていない。そこで，井戸川前町長は予防原則的な発想に基づいて，町民の被ばくをできる限り避け，かつ町民の人間らしい暮らしを守るために「仮の町」を構想した。諸事情により町長を辞任せざるをえなくなり，「仮の町」は2020年現在実現していないが，井戸川前町長の一連の発想と行動は，全国の放射性物質と付き合っていかねばならぬリスク社会下の私たちに，これからもなお取り戻さねばならないものを教えてくれる。

参考文献

井戸川克隆　2015『なぜわたしは町民を埼玉に避難させたのか』駒草出版
――　2017「井戸川克隆さんインタビュー　福島第一原発事故と『仮の町』構想」『環境倫理』1：38-170

Active Learning　アクティブラーニング 9

Q.1

原発事故後の被ばくリスク管理の国際比較をしてみよう。

1986年に起こったチェルノブイリ原発事故によって放出された放射性物質による汚染地域からの，ウクライナ，ベラルーシ，ロシア各国の避難指示について書籍やウェブサイトで調べ，日本政府の避難指示と比較して，話し合ってみよう。

Q.2

低線量被ばくをどう評価するか？

「低線量ワーキンググループ報告書」を内閣官房のウェブサイトからダウンロードし，市民科学者J・W・ゴフマンによる『人間と放射線』（明石書店，2011年）（理系は第11章，文系は第11章第3節以下）と重なり合う論点について読み比べてみよう。

Q.3

実現が困難なことを求め続ける環境倫理学的な意味を考えよう。

ケーススタディで紹介した福島県双葉町の「仮の町」構想の意義について，また実現を困難にしているものは何か，そして実現を可能にするためには何が必要かについて調べ，話し合ってみよう。

Q.4

予防原則の適用によって社会はどう変わる？

水俣病やカネミ油症について書籍やウェブサイトで調べ，当事者企業であるチッソ（水俣病），カネミ倉庫およびカネカ（カネミ油症）や行政の対応が予防原則を適用していたらどのように変わり，被害がどのようになったと想像されるか，話し合ってみよう。

第10章

気候正義

共通だが差異ある責任とは何か

佐藤麻貴

本章では，1992年の地球サミット以降，生物多様性の保全とともに，地球環境問題のひとつとして認識されている気候変動問題に着目する。気候変動問題については，気候変動に関する政府間パネルによる気候変動の最新の科学的知見を受けて，気候変動枠組条約のもと，世界的な対策が講じられている。本章ではまず，気候変動問題，気候変動枠組条約，および気候変動枠組条約のもと，京都議定書からパリ協定に至るまでの成立過程や歴史的経緯を導入とする。導入をふまえ，人類の喫緊の課題として，先進国や途上国の差異なく，全地球的対策が求められる地球環境問題として認識されるに至った気候変動問題の本質の所在を把握する。また温室効果ガス削減の必要に伴い，京都議定書やパリ協定のもと，各国が具体的にどのような対策を講じているのか，それら施策の有する二律背反的な点（良い点と悪い点）について指摘する。最後に気候変動問題に対応するうえで，正義（気候正義）について考える足がかりを示す。

KEYWORDS #温室効果ガス #気候変動枠組条約 #共通だが差異ある責任 #京都議定書 #パリ協定 #適応 #緩和

1｜気候変動問題とは何か

・

IPCCと温室効果ガス

気候変動（地球温暖化）とは，地球の平均気温が上昇することにより，気候が変化することを指す。気候変動に伴い，地域の気候が変化し，台風・干ばつなどの自然災害の増加や，農業・林業・水産業など自然資源に依存した産業への影響が出てくることが推測されている。こうした，気候が変化することによって生じるさまざまな問題が気候変動問題（地球温暖化問題）である。

気候変動が人為的に引き起こされているのか，あるいは自然現象の一部であるのか，世界中の科学者たちの研究による気候変動の最新の科学的知見の評価を行い，報告書としてまとめているのが，気候変動に関する政府間パネル（IPCC）である。IPCCは，1988年に国際連合環境計画（UNEP）と国際連合の専門機関である世界気象機関（WMO）により共同で設立され，気候変動に関する世界中の専門家の知見を集積し，整理したうえで，数年ごとに報告書を取りまとめる国際的学術機関である（2020年現在の最新の報告書は2014年に完成した第五次評価報告書）。

IPCCは3つの作業部会と温室効果ガス目録に関するタスクフォースによって構成され，IPCC総会において評価報告書の作業計画，報告書執筆者や査読者が決定される。第一作業部会は，温暖化の原因や気温上昇予測の評価，第二作業部会は，気候変動による自然システム・人間社会への影響や適応策の評価，第三作業部会は，温室効果ガスの排出削減など気候変化を緩和するための対策の評価を行っている。

気候変動の原因とされているのは**温室効果ガス**であり，これにはCO_2以外にも，CH_4（メタン）やHFC_S（ハイドロフルオロカーボン）などが含まれる。これらのガスは，人間活動を主な原因として大気中に放散され，気候変動を促進する。温室効果ガスには，地球温暖化係数として，100年間の温室効果が数値化されており，この数値が高いほど，気候変動への寄与が高いガスとされている。

CO_2の大気中濃度は，産業革命前までは約280ppmで安定していたが，1750年ごろに始まった産業革命以降，石炭などの化石燃料の使用により，人為的なCO_2

排出量が増え続けている。2018年には大気中濃度が407. 8ppmと，産業革命前比47%増加しており，年々増加傾向にある。世界の平均気温は，長期的には100年あたり0. 74℃の割合で上昇しているが，2019年の世界平均気温は，基準値（1981〜2010年の30年平均値）から+0. 42℃の上昇で，1891年の統計開始以降，2番目に高い値となっている。

•

気候変動枠組条約

1992年に開催された「国連環境開発会議（地球サミット，リオサミット）」にて，双子の条約，生物の多様性に関する条約（CBD，生物多様性条約）と，気候変動に関する国際連合枠組条約（UNFCCC，**気候変動枠組条約**）が採択された。気候変動枠組条約は1994年に発効し，2019年12月現在，195カ国とEUが締結している。

気候変動枠組条約の特徴は次にまとめられる。①「究極の目的」は温室効果ガスの濃度を安定化すること（2条），②「**共通だが差異ある責任**」という考えに立ち，先進国と途上国に分け，先進国により多くの義務を課すこと（3条，4条），③「予防原則」に立ち，科学的確実性が十分になくても対策を実施すること（3条），④途上国も含めたすべての締約国に共通する約束として，排出や吸収に関する目録（インベントリ）を作成すること（4条）。条約の実施を促進するために，条約締約国各国が対応すべき具体的内容を定めたものが，京都議定書とそれに続くパリ協定である。

•

京都議定書からパリ協定へ

気候変動枠組条約のもとで1997年に採択された**京都議定書**（2005年発効）は，2008〜12年の第一約束期間において，先進国に対してだけ，法的拘束力のある温室効果ガス削減目標を設定していた（日本は1990年比6%削減）。また柔軟性措置として，国内削減以外に，他国で得られた削減分を目標達成に使うことができる京都メカニズムと呼ばれる制度（排出権取引［ET］，共同実施［JI］，クリーン開発メカニズム［CDM］）が導入されていた。この柔軟性措置は，上記3つのスキームを通して，途上国を含めた他国から排出権という形で排出量を得て，その排出権を国内の数値目標達成に利用できる措置である。したがって，柔軟性措置は，当時途上国として分類されていた韓国，中国，インドなどの排出量削減に寄与するものの（JIとCDMの場合），削減目標がある先進国の国内対策を緩めるとの批判があった。2012年に，京都議定書の第二約束期間（2013〜20年）の各国削減目標が新たに定められたものの，近年の新興国の排出量増加に伴い，京都議定書締約国のうち，第一約束期間で排出量削減義務を負う国の排出量が世界の4分の1にすぎないことから，すべての主要排出国が参加する新たな枠組みの構築が進められることになった（図10-1，2006年を境に中国やインドの排出量が米国や日本の排出量を超えていることに着目。京都議定書では排出量削減対象国ではなかった中国やインド，インドネシアなどの排出量の占める割合が増えている）。

2015年の締約国会議（COP21／CMP11）において，すべての国が参加する温室効果ガス排出削減などのための新しい国際枠組みである「**パリ協定**」が採択され，2016年に発効要件（締約国55カ国およびその排出量が世界全体の55%）を満たしたため，発効された（2019年時点で締約国は19カ国とEU）。パリ協定では，世界共通の長期目標として，産業革命前からの地球の平均気温上昇を長期目標として2℃に設定し，1.5℃に抑える努力を追求することが掲げられている。それまでの京都議定書と比較した特徴としては，①主要排出国を含むすべての国が削減目標を5年ごとに提出・更新することが義務づけられたこと（4条），②5年ごとに世界全体としての実施状況の検討（グローバルストックテイク）を行うこと（14条），③各国が共通かつ柔軟な方法で実施状況を報告し，レビューを受けること（4条，13条，15条），④協力的アプローチ（二国間オフセット・クレジット制度［JCM］）を含む，新しい国連主導型の市場メカニズムや非市場メカニズムを活用すること（6条），などが盛り込まれている。

京都議定書とパリ協定の大きな違いは，京都議定書では，先進国の歴史的排出責任に鑑みて途上国の削減目標がなかったのに対し，パリ協定では，先進国・途上国の区別なく，5年ごとに「自国が決定する貢献案」の更新・提出が義務づけられたことが挙げられる。また，京都議定書にあった京都メカニズムと呼ばれた，他国での削減量を排出権，すなわち自国の削減量として削減目標の達成に活用できる制度については，二国間クレジット制度（JCM）として認められることになった。しかしながら，先進国と途上国における排出量のダブルカウントをどう避けるかなどのさまざまな問題が残されており，2019年のCOP25に

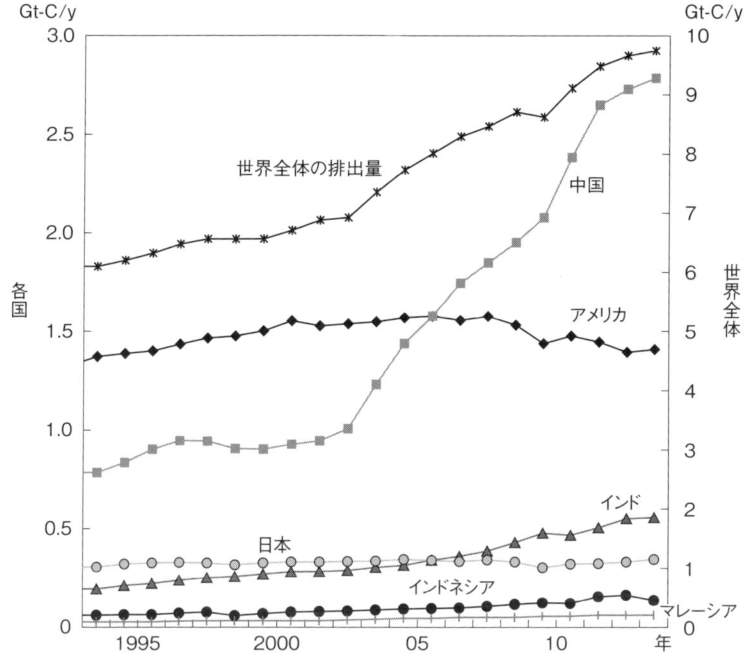

図10-1　各国ならびに世界全体の人為起源CO_2排出量の推移

出所）国立環境研究所　https://www.nies.go.jp/kanko/kankyogi/62/column2.html（最終閲覧2020年5月5日）

おいて詳細ルールの決定は持ち越されている（京都メカニズムでは，先進国にのみ排出量削減義務が生じていたため，途上国で行われた排出削減プロジェクトに対し，途上国から先進国へ排出削減量を移転するだけでよかった。しかし，パリ協定では途上国も排出削減義務を負うため，先進国の支援を受けた削減プロジェクトからの排出量につき，途上国も削減量として申請する場合，先進国に削減量が単純移転できないという問題が生じる［ダブルカウント］)。

パリ協定において，気候変動問題は，過去の排出責任や，先進国・途上国の区別なく世界全体で取り組むべき問題であることが認識された。しかしながら，具体的な削減にあたり，（コストが高いなどの理由から）自国で削減できない削減分を，他国にてコストを抑えて実施できる，あるいは自国で削減するよりも安く排出権を購入できるなどの理由から，排出権を活用することに対しては，依然として制度，倫理の両面から課題が残されている。

2｜「共通だが差異ある責任」の実現のために

経済的対策——排出権取引と環境税

排出量の削減には，技術革新が必要になってくることから，相当のコストがかかるとされている。日本などの先進諸国においては，気候変動問題が公になる以前から，すでにエネルギー効率の改善目標（日本では，1970年代の石油危機を契機にした省エネ法やトップランナー制度など）が掲げられており，自国の削減目標を実現するためには，まるで「乾いた雑巾を絞る」ような努力が必要とされている。

これに対し，京都議定書では排出権取引をはじめとして，経済の仕組みを活用したさまざまなメカニズムが提案され，実施されていた。しかし途上国における排出削減の取り組みであったCDMの場合は，プロジェクトが実施されやすい国と，政情不安定で実施しにくい国との間に不公平感があること，またプロジェクト内容についても，発電施設や工場などのように，設備機器を高効率なものに代えるだけで削減量を減らすことができるプロジェクトに集中するなどして，実施内容の偏りが見られ，それが途上国間の不公平につながるとの批判が相次いだ。

こうした途上国・先進国の二国間のやり取りを通したJCMに対し，自国内の政策で対応できるのが，国内排出権取引制度や炭素税など，いわゆるカーボン・プライシングといわれる，炭素に価格をつける動きである。市場メカニズムを活用し，新たな炭素市場を創設することで，市場参加者間で排出削減コストの平準化を図る（韓国，中国などの取り組み)。あるいは，炭素税を課すことによって，排出量に応じた税金という経済的義務を負わせる取り組みが各国（フィンランド，カナダ，フランスなど）で進められている。

炭素市場については，市場を開設することへの実質的排出量削減への懸念のみならず，市場への参加義務の有無に次いで，炭素という新しいコストの外部化がどのようにされるのが望ましいのか，議論されている（なお，パリ協定においては，国際的な炭素市場の運営枠組みなどについては，2020年現在交渉中)。また炭素税については，収集された税金が実質的な排出削減につながるべく利用できるように目的税化されなければ大きな意味を持たず，さらに多くの場合，炭素税はエネルギーに課税されることから，収入に対するエネルギー消費への負担割合が増加する貧困家庭への波及効果などが問題視されている。IPCC第五次評価報告書では，カーボン・プライシングについて，その「排出抑制の短期的効果については限られたものである」ことが明記されているものの，長期に渡って実施された場合の抑制効果に関する実証が待たれている。

••

適応

異常気象（大型台風，干ばつ，大雨）の形ですでに現れている気候変動の影響や中長期的には避けられない影響（水害，自然発生的な大規模森林火災など）による被害を回避，軽減することを「**適応**（adaptation，アダプテーション）」と呼ぶ(図10-2)。気候変動による影響はさまざまな分野・領域に及ぶため関係者が多く，さらに地域ごとに異なることから，適応策を講じるにあたっては，関係者間の連携を図り，施策に分野横断的な視点を取り入れることや，地域特性に応じた取り組みなどが必要となる。適応の手法には，作物の品種改良（冷害や高温障害対策），異常気象対応のためのハザードマップ作成などさまざまなものがある。近年では，生態系を活用した防災・減災（Eco-DRR）が新しい手法として着目されている。具体的には，遊水効果を持つ湿原の保全・再生，森林整備による山間地域の国土保全機能維持など，自然本来が持つ防災・減災機能を生

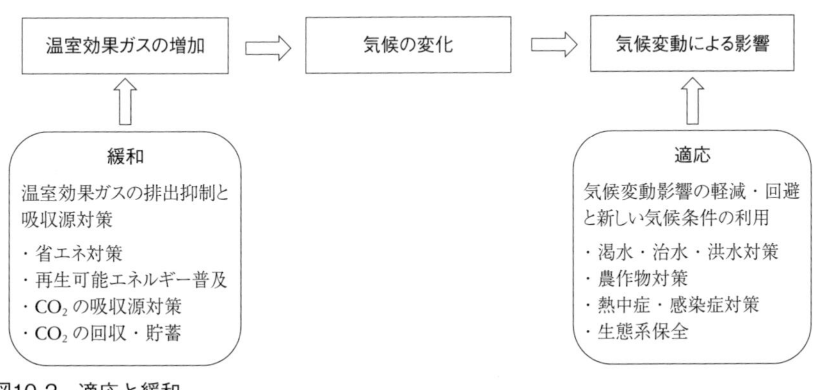

図10-2　適応と緩和

出所）筆者作成

かす手法がある。こうした取り組みは，特に社会資本の老朽化や人口減少が進む我が国においては，生物多様性保全も含めた適応策として期待されている。

加えて，適応とは気候変動問題に対して特に何か対策を講じるだけではなく，気候変動に応じた生活を永続的に営めるようにすることに重きを置くべきだという考え方もある。より積極的に気候変動に対して働きかける余地のある「緩和」とは異なり，適応は気候変動という不確実性に対して備えるしかない点に留意が必要だ。不確実な気候変動にまつわる正義論や倫理において論じられているのは，根本的には「何に価値を置くのか」という問題として認識できる。いいかえると，「公平公正な責任の分配論とは何か」という倫理的な問題におきかえられる。またそれは，「気候変動にそもそも配慮すべきなのか」という点からも議論されているが，国際的にも各国の共通認識にはいまだ至っていない。

気候変動によって影響を受けるのは，生活様式を変えざるをえない，最も脆弱な人々（イヌイットなどの少数民族）や国家（途上国や島嶼国など）となる。そうした人々の文化や伝統，それらの価値をどのようにして残していけばよいのか，文化的アイデンティティの保護を適応に加えることも重要である。したがって，適応とは気候変動に伴う環境変化に応じた文化，社会的な脆弱性を徐々に解消し，よりレジリエントな（回復力のある）社会に変化させていく試みとしても捉えうる。適応策を考えるにあたって大切なのは，「社会の何をレジリエントにしたいのか」という点であり，それらの吟味のためには，さまざまなステークホルダー間の対話と将来像の共有が必要となってくる。

••

緩和

温室効果ガスの排出の抑制を図るのが「**緩和**（mitigation，ミティゲーション）」になる（図10-2）。緩和策におけるとりあえずの目標は，①温室効果ガス排出量総量を減らすこと，②カーボンシンク（森林吸収や海洋吸収）を増やすことを通して，大気中に放出される人間由来のCO_2などの温室効果ガスの排出を減らすことにある。しかしながらその目的とは，人間が適応できる範囲内に気候変動を緩和し，その目的に向けて予防的措置をとることが主となる。ここで問題になる倫理的課題は，「緩和は誰にとっての安全性を狙ったものなのか」ということになる。人間中心主義的に考えれば，当然「人間が適応できる範囲内」に気候変動を抑えることが中心課題となってくるが，人間も自然の一部であり，自然の再生産サイクルの一部（食料や木材生産など）に依存した生活をしていることに鑑みると，気候変動に伴う環境変化から影響を受ける人間以外の動植物は，変化に適応できない場合は淘汰せざるをえなくなる。こうした生物種間の生存の不公平性については，具体的な議論が進められていない。

また，先の「適応」で見たように，途上国と先進国の関係性で見ると，緩和にはエネルギー政策やそれに伴う産業構造変換などに加え，CCS（炭素回収貯留）などの新しい気候工学（ジオエンジニアリング）分野における技術革新なども含まれてくる。たとえば，歴史的排出量の多い先進国が，気候変動対応策に分配できる予算の少ない途上国に対し，自国の予算内で緩和策を講じるようにというのは，道徳的観点からすると不公平であるという議論もある。したがって，これらの対策を講じるにあたり「どのように責任を分配するのが適切なのか」「先進国はどのように応分負担すればよいのか」「対策の受益者は誰か」といった問題が議論されている。こうした問題設定に対し，原因者負担の原則，汚染者負担の原則，受益者負担の原則，応能負担の原則など，既存のさまざまな法的，経済的な責任負担原則の組み合わせにより，最適な負担のあり方が提示できるのではないか，という議論がある。その一方で，そうした原則を活用することについても，気候変動問題の問題設定如何では異なる解釈ができることから，倫理的な課題となっている。

3｜気候正義の難しさ

南北問題——経済格差と人口格差

2006年以降，世界第1位と第3位の排出国となった中国とインドは，先進諸国の過去の排出責任に基づいた気候変動の責任を訴求し，自国の経済発展や産業の工業化の観点から，温室効果ガスを排出する権利を主張している。こうした例に見られるように，先進国と途上国の対立（南北問題）が気候正義の実現を難しくしている。主要国の世界に占める排出割合と一人あたり排出量の比較（図10-3）を見ると，世界に占める排出割合では，確かに中国やインドが上位を占めるものの，一人あたりの排出量を比較すると異なった様相が表れてくる。一

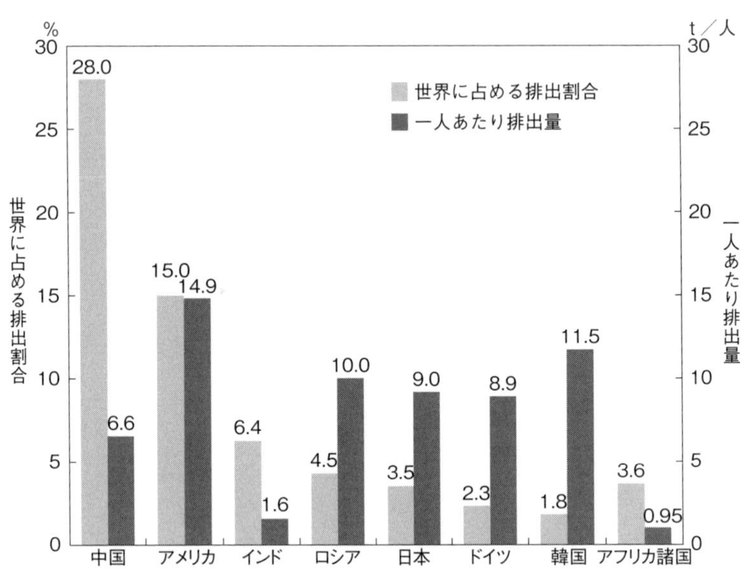

図10-3　主要国の世界に占める排出割合と一人あたり排出量の比較（2016年）

出所）全国地球温暖化防止活動推進センター「EDMC／エネルギー・経済統計要覧2019年版」 http://www.jccca.org/（最終閲覧2020年5月5日）

人あたり排出量で上位を占めるのは，上位からアメリカ，韓国，ロシア，日本といった国々になり，排出量の総量では途上国の方が一見すると多いものの，一人あたり排出量に換算すると，依然として先進工業国の方が排出量の多いことが分かる。こうした統計データの見方ひとつをとっても，前提条件が異なると見えてくる状況が異なってくるため，気候正義の議論においては，何を前提として，何を対象とし，どのような目標を設定するのかに応じて，対策が異なってくる。つまりある種の正義は，別の見方ではまったく正義ではなくなるという二義性を内包するのが気候正義の特徴ともいえる。

先の適応や緩和の議論でも見てきたように，過去の排出責任に応じた責任の公平な分配なのか，現在の排出量に応じた排出削減責任なのか，それぞれ何を前提に置くのかで，正義や公平性の見解も異なってくる。技術開発や政策手法にばかり重きを置くのではなく，気候変動の予測不可能性や不確実性をも念頭に置いた際，先進国・途上国の隔てなく，最も気候変動の影響を受けやすいとされる人々の生活や文化の継続性を担保すること，またそうした取り組みこそが，本来の適応や緩和のあり方であるはずだ。このように考えると，もしかしたら食料などの生産手段を持たず，物流も含めた都市インフラに過度に依存した先進諸国の都市住民こそが，最も気候変動に対して脆弱な人々になりえる。都市住民の間にもさまざまな問題や格差（都市難民や都市の貧困者層など）が存在するなか，適応や緩和について講じることは今後ますます重要になり，少数民族や途上国だけの問題としては片付けられなくなっていくだろう。

•••

過去，現在の排出責任から将来世代へ

気候変動問題の特徴として，気候変動が現役世代よりも将来世代（future generation）に影響を及ぼし，その影響が長期にわたる点，かつ気候変動によって引き起こされるさまざまな問題の不確実性が高くなっていくといった点が挙げられる。また，人間の環境変化への適応能力や技術開発のスピードが，気候変動の速さに追いつくかどうか，といった人間中心主義的な考え方で気候変動が論じられることも多い。しかしながら，将来世代に含まれるべきは人間という限定的な種の将来世代のみならず，地球上に暮らす他の生物種や植物種の世代交代も含めた未来であるはずだ。

気候変動の正義が語られる場合，往々にして，人間社会における過去の排出責任と現在の排出責任の差異に基づいた途上国・先進国間の不公平性や，各国の国内事情としての貧困層や少数民族の被る被害に加え，現役世代が未来世代に回すツケとしての気候変動といった文脈で語られることが多い。しかしながら，地球は人間だけの住まう場所ではない。すなわち，将来世代には人間のみならず，地球に生息し，日々の暮らしを営むさまざまな生物種や植物種も含まれるはずだ。人間だけの自己都合で将来世代や未来の地球を捉えるだけでは，片手落ちの気候正義論となる。人間の将来世代のみならず，他の生物種の未来も考慮に入れて初めて，あるべき理想的な姿としての気候正義といえるのではないだろうか。

•••

私たちはどうすればよいのか——3Eのトリレンマ

一般的にエネルギー消費量（Energy）と経済活動（Economics）には正の相関が見られるが，それらの要素に連動し，新たな環境問題（Environment）である気

候変動問題が起きることから，その対応策は難しいとされている。日本政府は，エネルギー，経済，環境というジレンマを超えたトリレンマを3Eとして扱い，経済活動の水準を維持しつつエネルギー消費量を減らしながら，かつ気候変動問題に対応しようとしてきた経緯がある。こうした政策の綻びが顕著に表れたのが2011年の東日本大震災であった。従来，他のエネルギー源と比較し，発電中のCO_2排出量が少ないとされ，気候変動対策として原子力発電は有望視されていたが，原子力発電所に起因するさまざまな放射能汚染問題を受け，気候変動とは異なる観点から見たときの原子力政策の大きな問題が露呈した。スウェーデンやフランスなどでは，いまだに原子力発電に依存した電源構成を保っているため，気候変動対策という観点からするとCO_2排出量が抑えられているように見受けられるが，放射性廃棄物の最終処分場をめぐっては，永年地下貯蔵するなど，抜本的対策が取られていない。

何を前提に，どういった問題に，どのようにアプローチすれば正義であるといえるのか，さまざまな要素が複雑に絡む現代社会においては，解答はひとつではない。加えて，気候変動問題をさらに難しくするのは，気候変動がグローバルな問題であるために，いろいろな背景事情を抱える各国政府のみならず，環境NGOや企業，消費者など，多様なアクターが関係せざるをえない点にある。ある一側面を見れば正義として捉えられる問題も，別の視点から見ると，必ずしも正義とはいいきれない面を内包する。ひとつの確固とした正義や正解を示すことができない問題であるからこそ，気候変動問題は，国家間やアクター間の対話を通してコンセンサスを図っていくことでしか，ともに解決の糸口を見出していくことのできない問題である。こうした点において，気候正義には一義的な正義の存在しないことが人類に突きつけられている。

参考文献

環境省編　2016『環境白書——地球温暖化対策の新たなステージ』平成28年版

——　2019『環境白書——持続可能な未来のための地域循環共生圏』令和元年版

杉山昌広　2011『気候工学入門——新たな温暖化対策ジオエンジニアリング』日刊工業新聞社

Case Study｜ケーススタディ10

生活から始める気候変動対策
気候変動問題の当事者意識をもとう

気候変動被害を受けるのは私たち市民

気候変動によりさまざまな問題が引き起こされることが予想されている。島国の日本では，海面上昇による護岸対策の必要性が出てきたり，台風の通り道が変わることで，今までは台風や大雨被害の少なかった地域が自然災害にあったり，山間地域の深刻な雪不足でスキー場などの観光資源がなくなったり，雪不足から来る地下水資源の枯渇で夏場に水不足が起こったりする可能性が出てくる。

異常気象など，直接的な気候変動からの影響は，私たちの生活にもさまざまな影響を及ぼす可能性がある。たとえば，日本は2010年度以降，食料自給率がカロリーベースで40%を下回り続けており（2018年度農林水産省調査では37%），私たちが日々の生活で口にする食料資源の実に60%以上を他国から輸入している。私たちの見知らぬ他国で生産された食料は，海路や空路で日本に運ばれ，陸路を経て私たちの食卓にのぼる。他国に異常気象による干ばつや異常高温，洪水などが起こった場合，あるいは自然災害により日本への物資運搬が困難になった場合，私たちの毎日の食事はどうなるだろうか。

気候変動問題とは，決して他人事ではなく，私たち一人ひとりの生活にも関係してくる問題だ。また，気候変動問題のしわ寄せは，高齢者や低所得者，都市住民など，生産手段を持たない弱い立場の人たちが最も影響を受ける。生活者である私たち一人ひとりの問題として気候変動問題を考えたとき，気候変動問題に対処するために，私たちは，どうすればよいのだろうか。

生活からの温室効果ガス排出

気候変動問題の源といわれているのが，CO_2をはじめとした温室効果ガスの排出だ。日本では，こうした温室効果ガスの排出量を把握するために，4つの部

Case Study ケーススタディ10

門――エネルギー転換部門，産業部門，運輸部門，民生部門――にデータが分類されている。エネルギー転換部門は，発電所などでのエネルギー転換（石炭から電力への転換など）時の排出量。産業部門は，私たちが日常的に使う工業製品が生産される際の排出量。運輸部門は，自動車や船舶，航空など，物品輸送や人々の移動からの排出量。民生部門には，サービス業や私たちの暮らしからの排出量が含まれている。日本の排出総量のうち，家庭からの排出量が占める割合はおよそ16%（2017年度，間接排出量換算）と推計されている。

家庭のなかで最もエネルギーを消費しているのが，冷蔵庫やエアコン，給湯器などの加熱・冷却機器，次が照明機器，テレビなどの情報機器と続く。日本では1970年代の石油危機の際に経済産業省が導入したトップランナー制度により，一般家電製品の省エネ基準（エネルギー消費効率）が定められている。この省エネ基準をもとに，2000年から省エネルギーラベリング制度が始められ，家電製品を買う際の参考にすることができる。その他にも私たちにできることとして，冷蔵庫に食品を詰め過ぎないことや，冷暖房の温度設定を夏場は26℃前後，冬場は20℃前後にして洋服で調整すること，不要な照明を消すことなどで，日々の生活からエネルギー消費量を減らしていく工夫をすることができる。

日々の食事から考えるCO_2排出量――ドイツの取り組みから

ドイツはかつて環境先進国と呼ばれたが，排出削減目標達成が厳しい状況にあるため，ガソリンや灯油に炭素税を課すことや排出権取引によるカーボン・プライシングが検討されている。同時に，食肉にかかる付加価値税を軽減税率（7%）から標準税率（19%）に引き上げる構想も浮上している。食肉の税率を上げることが検討されている背景には，動物のゲップや排泄物から温暖化効果の高いメタンガスが排出されることが理由にある。

肉の消費量を減らすことが温暖化対策に有効だとされる一方で，国際連合食料農業機関（FAO）は，食品ロスを減らすことの方が大切だとしている。世界の食料生産は，エネルギー消費の3割，温室効果ガス排出量の2割強を占めるにもかかわらず，野菜や果物は生産量の45%，魚は35%が食卓に届く前に捨てられている。世界で年間に生産される40億tの食品のうち，年間13億tもの食品が廃棄物となっている（2011年FAO推計）。日本で生じる食品廃棄物は年間2759万t，そのうち食べられるのに捨てられてしまう「食品ロス」は年間643万tと推計されている（2016年農林水産省，環境省推計）。つまり，日本の人口一人あたりの食品ロスは年間51kgもあるのだ。日本の食料自給率は4割を切っているが，海外で生産され，日本に運ばれてきたカーボンフットプリントの高い食品の多くが，食べられずに廃棄されている。

ドイツのインファーム（Infarm）社は，遠い他国や地方の畑からの輸送途中に生じる食品ロスを減らし，かつ輸送時のCO_2排出を抑える新しい取り組みとして，野菜の栽培装置をスーパーの店舗内に設置するビジネスをはじめ，欧米7カ国に進出している（2020年現在）。日本でも産学連携でプランツラボラトリー社が同様の取り組みを始めている。日本の大都市圏では，後継者不足や農地不足で都市近郊農家からの野菜供給量が減り，地産地消の大切さが認識されているにもかかわらず，物理的に実現しづらい状況がある。ドイツや日本の新しいビジネスは，店産店消による輸送からのゼロカーボンフットプリント実現や日本の低い食料自給率の改善，食品ロス問題の解決につながるかもしれない。

Active Learning ｜ アクティブラーニング 10

Q.1

温室効果ガスと温暖化係数，世界各国の温室効果ガス排出量について調べてみよう。

IPCCは，CO_2以外にも，さまざまなガスを温室効果ガスとして指定している。また，それぞれのガスには温暖化係数として，CO_2換算した温室効果が係数化されている。温室効果ガスの中には人為由来とされながらも，自然界から発生しているガスも含まれるが，具体的にどのようなガスが温室効果ガスとして指定されているか，それぞれの温暖化係数とともに調べてみよう。また，世界各国の産業構造に注目し，温室効果ガス排出量が各国の産業構造と連関して，どのように異なるのか，3Eのトリレンマに着目しながら調べてみよう。

Q.2

気候変動の影響を最も受けるとされる国や地域について調べてみよう。

気候正義の問題点として，温室効果ガス排出量の多い国や地域で暮らす人々が，必ずしも気候変動の被害者になるわけではなく，むしろ排出量が相対的に少ないとされている人々が気候変動の影響を受けるという矛盾が挙げられている。気候変動の影響を受けやすいとされている国や地域について調べ，それら地域を比較しよう。

Q.3

日々の生活からどれくらいのCO_2を排出しているのか計算してみよう。

気候変動問題は，どこか他のところで起こっている問題ではなく，私たち一人ひとりも無意識のうちに日々の生活を通して寄与している。日々の生活からどれくらいのCO_2を排出しているのか，各自で調査し，日々の生活からできる気候変動対策を考えてみよう。各家庭で契約している電力会社のHPを訪れ電力係数を調べ，毎月の電力利用量に電力係数を掛け合わせることにより，毎月の電力消費量からのCO_2排出量を計算しよう。

Q.4

責任負担原則について話し合ってみよう。

従来の法政策において，責任負担原則は有効な考え方だとされているが，気候変動問題は，それぞれ単体では機能しないとされている。それぞれの責任負担原則の考え方について具体的な考え方を調べ，気候変動対策に有効だと考えられる組み合わせについて考え，話し合ってみよう。

第Ⅳ部

「地域」と環境倫理学

第11章

風土と環境倫理

風景はどのようにしてできるのか

犬塚　悠

本章では「風土」や「風景」という観点からの環境倫理を学ぶ。まず見ていくのは，和辻哲郎とオギュスタン・ベルクの「風土論」である。世界各地で異なった生活様式があるように，私たちの生活はそれぞれの地域の風土と密接な関係をもっている。和辻によれば，私たちの自己了解や自己形成は風土との関わりにおいてなされ，ベルクによれば，風土は自然と文化との動的な結びつきのなかで形成される。次に扱うのは，ベルクの「風土の倫理」である。彼は，非－人間中心主義的な環境倫理を批判し，環境問題の根本的な原因は自然と文化との結びつきを否定する近代的な世界観にあるという。「風土の倫理」は，人間が人間らしく生きるために，地球を美しく，かつ生きるのに適したものにするべきだとする倫理である。そして最後に本章が取り上げるのは，風景論である。ベルクによれば，大地と人間社会との調和がとれていることを示す指標が風景の美しさであり，それは各地域において人々が自らのためにも探し求めるべきものである。景観は人間集団の中味であるという和辻の言葉のように，人間の外部としてではなく，人間の一部として環境を捉えていくことは，私たちが環境問題の解決に積極的に取り組む際のひとつの基盤となるだろう。

KEYWORDS　#風土　#和辻哲郎　#オギュスタン・ベルク　#通態性　#風土の倫理　#モダニズム　#ポストモダニズム　#風景　#美の条例

1｜風土とは

多種多様な生活様式

世界にはさまざまな生活様式がある。たとえば，アラスカとインドネシアの人々の暮らし方を比べてみれば，その違いは一目瞭然である。日本国内に限ってみても，北海道と沖縄とでは食べ物・衣服・住宅の形も違い，雪や台風の対策のためそれぞれ異なった道具を用いている。私たちの生活様式の違いは，各地の自然環境の違いと関係している。このような地域ごとの人間と自然との関係を研究し，地域の特性を明らかにする学問としては地理学がある。

また一方で，哲学者のなかにも，自然と人間との関係に注目し，その根本的な意味について考察した人たちがいた。古くには古代ギリシャのアリストテレスなどが挙げられるが，体系的にまとめた人物としては18世紀ドイツのヘルダーがいる。人間の生活様式や思考が**風土**との関係の上にあるとしたヘルダーの分析は，近代地理学にも影響を与えたとされる。

本章でまず扱うのは，このヘルダーなどから影響を受けた日本の哲学者，**和辻哲郎**（1889-1960）の『風土』（1935年）という著作である。和辻は，1927年から1928年にかけての1年半，ドイツに留学した。今と違い，当時は飛行機で簡単に日本とヨーロッパを往復することはできず，和辻が往復に利用したのは船である。その際，東南アジア・中東・ヨーロッパの自然や人々の暮らし方の違いを見たことが，彼にとって重要な経験となった。

本章では続いて，この和辻の『風土』を評価したフランスの地理学者，**オギュスタン・ベルク**（1942-）の著作を扱う。ベルクは和辻の風土論に影響を受け，文化と自然とが互いに不可分の関係にあるということを示す「**通態性**」という語を考え出した。そして彼は非－人間中心主義的な環境倫理学に代わる新たな「**風土の倫理**」というものを提唱している。

「自然」ではなく「風土」

それでは，まず和辻の風土論を見ていこう。和辻は，自分が問題とする「風土」は，自然科学が対象とする「自然」とは異なるという（和辻 1979：9-10）。

「ここに風土と呼ぶのはある土地の気候，気象，地質，地味，地形，景観などの総称である。（中略）それを『自然』として問題とせず『風土』として考察しようとすることには相当の理由がある。（中略）我々にとって問題となるのは日常直接の事実としての風土が果たしてそのまま自然現象と見られてよいかということである。科学がそれらを自然現象として取り扱うことはそれぞれの立場において当然のことであるが，しかし現象そのものが根源的に自然科学的対象であるか否かは別問題である」（和辻 1979：9-10，傍点原文ママ）。

生物学・生理学といった自然科学においては，人間と自然環境をまず別々にあるものとして置き，後者が前者に対して及ぼす影響などを分析する。それに対して和辻は，現実の日常生活では，私たちが自分というものを確立する前に，風土との関わりがあると主張する。すなわち，風土との関わり以前に，独立して存在する人間などいない，ということになる。

和辻がこの関わりの例として挙げるのは，「寒さ」である。現実の順番を考えてみると，「寒さを感じる人間主体」と「寒気」とがまず別々に分かれてあるのではなく，初めにあるのはただ「寒さ」である。「寒さ」においては人間と大気とが一体となっている。人はこの「寒さ」において，「寒さを感じる我」を意識するよりも，服を着る，火を起こすといった寒さを防ぐ行動を起こす。またその行動は単に自分にだけではなく，子どもに服を着せる，老人を火のそばに誘導するといったように他者にも向けられ，そこでは自他が感じることの区別はない。

すなわち，風土との関わりにおいて，人間の無意識的・集団的な自己了解・自己形成が行われているといえる。私たちは寒さ・暑さのなかで無意識に，自分がどのような状態にあるのかを理解し，その理解に基づいて自らの姿を形成している。この流れを一時的に停止し，意識的に反省したときに初めて「我」と大気とが区別して考えられる。

この自己了解・自己形成の仕方は地域によって異なる。服や家は，人間がつくりだしたものであるが，各地の風土との関わりがあるからこそ形成されてきたものである。

「さまざまの手段，たとえば着物，火鉢，炭焼き，家，花見，花の名所，堤防，排水路，風に対する家の構造，というごときものは，もとより我々自身の自由により我々自身が作り出したものである。しかし我々はそれを寒さや炎暑や湿気というごとき風土の諸現象とかかわることなく作り出したのではない。我々は風土において我々自身を見，その自己了解において我々自身の自由なる形成に向かったのである」（和辻 1979：15）。

寒さと道具との関係以外にも，「晴れた日の晴れ晴れしい気持ち」「梅雨の日の鬱陶しい気持ち」のように，風土は私たちの気分に根本的に関わっている。私たちの思考や行動が気分に左右されるものであることを考えると，いかに風土との関わりが私たちの自己了解にとって根源的であるかが分かるだろう。私たちには，歴史を背負った存在としての歴史性に加え，「風土性」が備わっているといえる。

以上の和辻の分析は，『風土』の第1章「風土の基礎理論」において展開されたものである。そして彼は第2章以降で，「モンスーン」「砂漠」「牧場」という風土の3つの類型を論じている。それぞれ，東アジア・中東・ヨーロッパの特徴を表したものであるが，この三類型の分析は各国の暮らしを描いた読み物として読みごたえがあるものの，学術界での評判はあまりよくない。というのも，この分析には環境決定論的な議論が見られるためである。

和辻は，モンスーン域の自然は恵みをもたらしつつ暴威をふるうため，人間は自然への抵抗を断念して「受容的・忍従的」になるという。対して，砂漠の自然は死をもたらすものであるために，団結しなければならない人々は「服従的・戦闘的」「実際的・意志的」となり，牧場の自然は一年を通じて温順であるため，人間による自然の支配が行われ「合理性」が発達するとされる。

和辻自身，人間の主体性を無視した環境決定論については批判的であった。だが，各国の国民性にも関心があった彼の分析は，結果的には風土の違いから各地の人々の性格を定義し，民族の優劣の議論にも展開されやすい環境決定論的な側面をもつものとなってしまったといえる。

・

風土と通態性

しかし，私たちの自己了解や自己形成が風土との関わりにおいてあるという和辻の『風土』の基礎理論については，評価すべきところが多くある。そのような評価を1980年代から行っている人物の一人がベルクである。

ベルクは当初，日本，特に北海道をフィールドとした地理学研究を行っていた。そのなかで和辻の『風土』に出会い，特にその第1章における基礎理論を評価するようになる（一方でベルクも，第2章以降の風土の三類型の分析は強く批判している）。

和辻の風土論のさらなる理論化を目指すベルクは，「通態性」という語を提唱している。これは，主観性と客観性，文化と自然といったものが，互いに独立して無関係にあるのではなく，動的に組み合わさっていることを指す言葉である（ベルク 1992：212）。風土は，主観的かつ客観的，文化的かつ自然的なものであり，どれかひとつの側面のみでは説明しきれないものである。

たとえば，北海道の研究においてベルクは，北海道の開拓民が当時不可能であると考えられていた稲作を可能にした様子に注目した（ベルク 2002：194）。そこでは，生活には米が必要であると考える文化と北海道の自然との出会いが，その地で生育可能な変種の発見という出来事を生み出していた。「流氷を背景にした稲田」（ベルク 2002：196）が見られる北海道の特殊な風土は，文化と自然との動的な関わりのうえで形成されたものなのである。

2｜風土の倫理

・・

非－人間中心主義への批判

ベルクは『地球と存在の哲学――環境倫理を超えて』（ベルク 1996）において，その副題の通り，それまでの「環境倫理」の乗り越えを試みている。

彼が批判するのは，人間を特別な存在として認めない，いわゆる非－人間中心主義的な環境倫理学である。彼は，権利を動物にまで拡大する倫理においては，権利と義務との対称関係が失われてしまうと批判する。すなわち，「いかなる倫理もコブラに子どもを噛んではいけないということを押しつけるわけにはいかない」（ベルク 1996：71）ため，コブラには権利のみが認められ，義務はないということになる。環境保護論者のなかには人命をも軽視するような主張も見られ，そのような倫理は結局，全体を重視し個人を軽視する「ファシズム」や「純粋にエコロジー的な，そしてまた完全に非人間的な何か」になってしまう（ベルク 1996：80）。

人間がいなければ倫理も存在せず，生態学的な食物連鎖のみになってしまうとベルクはいうが（ベルク 1996：86），人間中心主義的な彼の主張には非－人間中心主義的立場からの反論も予想される。また，権利と義務の議論については，義務を強制できない幼児などの場合をどのように考えるのかといった疑問も考えられる。しかし，もう少しベルクの議論を見ていこう。彼のいう「風土の倫理」が，人間を特殊な存在として認めるものでありつつ，環境から切り離された人間の倫理でもないことが明らかになるはずである。

・・

近代的世界観への批判

環境問題とはそもそもどのような問題で，何を原因としたものなのだろうか。ベルクの論をまとめてみると，環境問題とは各地における自然と文化の結びつきの否定という問題であり，その原因は近代的な世界観にある，ということになる。

ベルクの批判する近代的な世界観とは，主体と客体の二元論，いいかえれば主観的・精神的な世界と客観的・物理的な世界とが別々にあるという見方である。近代以降の建築や都市計画は，人間の生活の場を単に客体の次元において考えてきた。空間は広げた白い紙のように等質的・普遍的であり，いつでもどこでも誰にとっても住むために必要な面積と機能は決まっているという考えのもとで，画一的な団地の建築が進められていく。それはまるで人間を動物ないし機械のように扱うようなものである（ベルク 1996：219）。

実際に，建築における「モダニズム」「ポストモダニズム」の運動は，各地の伝統から切り離されたものであった。**モダニズム**は，人間の居住には何が必要かを合理的・機能的に考える。その結果，たとえばモダニズムの代表的建築家であるル・コルビュジエの「ユニテ・ダビタシオン（居住単位）」は，その土地の伝統的な様式とまったくつながりをもたずに建てられる（ベルク 1993：202）。

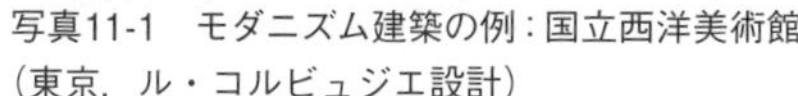

写真11-1　モダニズム建築の例：国立西洋美術館（東京，ル・コルビュジエ設計）

写真11-2　ポストモダニズム建築の例：アサヒビール本社ビル（東京，フィリップ・スタルク設計）

アメリカの建築家ヒッチコックとジョンソンが「国際様式」と名づけたように，モダニズムは世界のいたるところに同じ形態をもつ建築物（直方体の「マッチ箱」）を建てた（ベルク 1993：198，写真11-1）。

機能主義的なモダニズムに対抗した**ポストモダニズム**は，特徴的なデザインの建築物を多く生み出した（写真11-2）。しかし，各地の風土・伝統を無視している点ではモダニズムと同様である。

> 「国際様式が至る所に同じものを作ることを題目にしていたのに対し，このポストモダニズムは，場所がどこであれ，どんなものでも作ってしまうという原則に立っていたのである」（ベルク 1993：207）。

ポストモダニズムのなかには，「その土地固有」のものを再評価しようとする動きもある。だがそれでも，現代の都市においては，機能主義と遊戯性との乖離が大きなものとなっている。ベルクはその具体例として東京の飯田橋駅周辺の再開発を挙げている。そこでは悪臭を放つ外堀の川の上に人工基盤がつくられ，さらにその上に人工的な滝・小川がつくられた（写真11-3）。

彼はこの滝を見て，現代の都市計画が「場所の意味を殺してしまった」と感じたという（ベルク 1993：218-219）。自然と結びついていない文化，偽物の川に対して，私たちは真の意味・価値を見出すことはできない。場所が真に意味をもつためには，生態学的なもの（本物の川）と象徴的なもの（美しい滝や小川）とが結びつく必要がある。

写真11-3　東京，飯田橋駅周辺の人工の滝（左）と川（右）（撮影日，水は流されていなかった）

風土の倫理――人間が人間らしく生きるために

ベルクが提唱する「風土の倫理」は，端的にいえば，人間が人間らしく生きるために，地球は美しくかつ生きるのに適したものであるべきだというものである。なぜならば，私たちがどのような地球を形成するかは，そのまま私たちがどのような生を送るかに跳ね返ってくるためである。

> 「人間的に住まうことができるためには，monde〔世界，清潔な，きちんと整った〕の反対，すなわちimmonde〔汚れた〕であってはならない。不潔で，汚染されていて，不道徳であってはならないのである。（中略）あらゆる環境政策の存在論的・宇宙論的・倫理的基盤はこのようなものである。人間存在が人間的であるためには，地球は――私たちの惑星，私たちの風景，私たちの家々は――美しく，かつ生きるのに適したものでなければならない。これは風土（エクメーネ）的な必然なのである」（ベルク 1996：127-128，〔　〕内は訳者による補足）。

私たちの環境は，私たちの自己了解・自己形成の基盤となる「風土」ないし「エクメーネ〔人間の居住域〕」でもあるからこそ，その破壊は私たちの存在にも荒廃をもたらすといえる（ベルク 1996：110）。

ハンス・ヨナスの未来倫理が説くように，私たちは子孫に人間的に住まうことのできる地球を残さなければならない（ベルク 1996：129-130）。それは単に生物学的に生きのびることができる地球という意味ではなく，人間らしく住まうことのできる「風土」としての地球を残すという意味においてである。

3｜風景

風土性を尊重した開発，風景

では，地球を「美しく，かつ生きるのに適したもの」にするには，何を基準とすればよいのだろうか。ここでベルクが提唱している開発のルールと，「**風景**」というものに注目してみよう。

まず，環境整備において退けられるべきものとしてベルクが挙げるのは，「a）風土の客観的な歴史生態学的傾向，b）風土に対してそこに根を下ろす社会が抱いている感情，c）その同じ社会が風土に付与する意味，を無視するような整備」（ベルク 1994：167）である。

そして彼が風土との関わりを尊重した開発のルールとして提示するのが，「風土のおもむきの糸が断たれることのないように地域社会が既得の物と獲得すべきものとの間に成立する尺度を常に熟知している（とりわけ教育によって）こと」（ベルク 1994：172）である。これは，少数の都市計画家が地域の風土・住民を無視して一方的に進める近代的な都市計画とは異なるものである。

さらに彼は，「風土性の理想とは，大地の拡がりと人間の社会の関係の調和に達するということ」であり，その調和についてはまず「風景」という「美的なもの」において判断すべきであるという（ベルク 2002：375）。風景は「生態学的なものと象徴的なもの」が接合する場所である（ベルク 2002：384）。美しい風景が（飯田橋の川のような歪みがなく）成立しているということは，その地で自然と文化との間に調和がとれていることを意味するといえよう。そこでは，人々は単に生物として生きるだけではなく，文化的にも満たされた人間らしい生活を送ることができる。

具体的にどのような風景が目指されるべきなのかを問う声があるかもしれないが，どこにでも普遍的に通用する理想の風景はない。ベルクがいうように，風景はそれぞれの場所でそこに暮らす人々によって考えられるべきものである。

> 「環境についてわたしたちは，その全体ではないとしても，分野ごとによりよく管理することに成功している。そのために，すべての場所で適用できる措置や客観的な方法が存在している。しかし風景についてはそうはいかない。風景は共通の尺度をもたないものであり，それぞれの場所で定義し直す必要がある」（ベルク 2002：384）。

私たちの身の周りを「環境」として自然科学的・客観的に捉えた場合，土地の勾配や水質などが数値化され，管理されることとなる。対して「風景」とは，単なる自然環境ではなく，それと人々の感情・文化的生活との結びつきのうえでできあがるものである。

•••

人間集団の中味としての景観

以上，和辻の風土論，そしてベルクの「風土の倫理」と風景論を見てきた。やや難しい議論もあったと考えられるが，どうだっただろうか。

実際には彼らの議論は，私たちの日常的な生活において確かめうるものである。たとえば，近所の畑や店がある日突然なくなったとき，寂しい思いをしたことはないだろうか。時にそれらの喪失が痛みのようにも感じられるのは，私たちが意識的にも無意識的にも，身の周りのものを，自らの生活さらにはアイデンティティを形成する一部としているためといえるだろう。

和辻も，風景（彼の言葉では「景観」）は，社会的な存在である人間にとって，その存在を形成する一部であると述べている。

> 「人と人との交際や結合のなかには，交通路や家屋や田畑や工場というごときものが当然ふくまれる。（中略）だからある地域の景観は，その地の集団がおのれに対立する自然のなかへのおのれの印影を刻みつけたというわけのものではなく，むしろその集団がおのれの人倫的組織の中味を土地の姿において表現したものなのである。そうなると景観は人間存在のなかの光景であって，人間を外からとりまく環境なのではない。この点においては環境の概念は，個人の立場において形成されたものとして，個人と個人との間である人間存在には不向きであろう」（和辻 2007：315-316，傍点原文ママ）。

和辻の『倫理学』にも興味深い議論は多く（犬塚 2020），風土の倫理は，理論的にも実践的にも，まだまだ発展の余地がある。上記の議論のなかで興味をもった箇所があれば，ぜひ引用元の原典をあたりながら，自分なりの考えを深めてほしい。人間にとっての制約としての環境倫理ではなく，人間が風土との結びつきにおいて，よりいきいきと生きるための倫理が生まれるはずである。

参考文献

犬塚悠　2020「和辻倫理学の環境倫理学的・技術倫理学的意義——環境を内包する人間存在の倫理学」『日本倫理学会 倫理学年報』69：40-50

ベルク，A　1992『風土の日本——自然と文化の通態』篠田勝英訳，筑摩書房

——　1993『都市のコスモロジー——日・米・欧都市比較』篠田勝英訳，講談社

——　1994『風土としての地球』三宅京子訳，筑摩書房

——　1996『地球と存在の哲学——環境倫理を越えて』篠田勝英訳，筑摩書房

——　2002『風土学序説——文化をふたたび自然に，自然をふたたび文化に』中山元訳，筑摩書房

和辻哲郎　1979『風土——人間学的考察』岩波書店

——　2007『倫理学』第3巻，岩波書店

Case Study ｜ ケーススタディ 11

真鶴町の「美の条例」
風景の価値の言語化

風景の意識的な形成という観点から，神奈川県足柄下郡真鶴町の「**美の条例**」を見てみたい。「美の条例」は「真鶴町まちづくり条例」の通称であり，これは町の風景・資源の保護を目的として，建築物や土地開発のルールを定めたものである。

真鶴町は，神奈川県の南西部に位置し，面積は7.02km^2，人口7264人（2019年7月1日現在）の小さな町である。「美の条例」制定の背景には，1985年の中曾根内閣「アーバン・ルネッサンス」がある。これによって全国でリゾートマンションの開発が進んだ結果，真鶴町では自然・景観破壊に加え，人口急増による福祉サービスの低下の懸念があった。特に水不足は深刻であり，1990年に真鶴町は新たなマンションには水の供給をしないという「給水規制条例」を制定した。そして同町は大規模開発を阻止するため，「美の条例」を1993年に公布し，翌年の施行に至った（詳しくは，五十嵐・野口・池上 1996や吉永 2014を参照）。

「美の条例」の最も興味深い点は，それが建築を行う際の8つの「美の原則」と，それを具現化するための69の「美の基準」（写真11-4）を定めていることである。これらは，住民による「まちづくり発見団」（1989年）の報告書を基に作

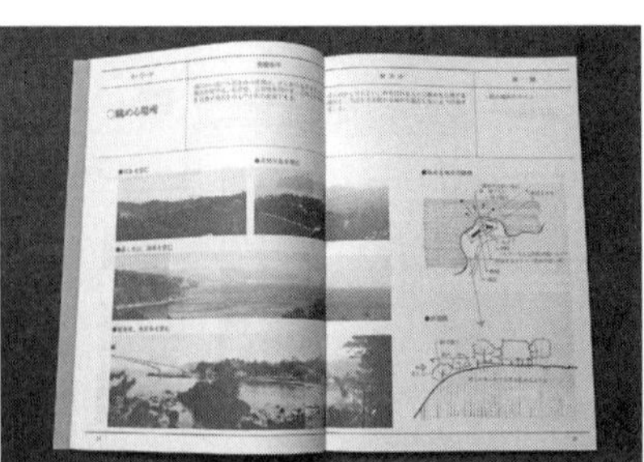

写真11-4 『美の基準』（真鶴町役場などで購入できる）

成された。たとえば「①場所」という「美の原則」に対して，「聖なる所」「斜面地」「豊かな植生」「敷地の修復」「眺める場所」「生きている屋外」「静かな背戸」「海と触れる場所」という基準が定められている。これらは，真鶴町の住民が心地よいと感じ，また町の風景を保つために重要であると考える要素である。

この条例に従って，1994年にコミュニティセンターが建築された（写真11-5）。近年の例としては，まず「ピンクの家」と呼ばれる個人邸宅がある（卜部 2013，NEXT WISDOM FOUNDATION 2016）。ピンクの家を建てたいと町役場に届け出た施主に対し，役場は一方的に拒否せず，なぜピンクなのか施主の想いを聞いたうえで，真鶴町の景観（写真11-6）に調和するものにできないか，協議を通じて色・材質などの最適解を探した。

また別の例として挙げられるのが，「レアージュ真鶴」というマンションである。これは「美の条例」施行以降に建てられたマンション第一号であり，「地の生む材料」など8つの「美の基準」をクリアしている。「日本一厳しい景観基準をクリアした物件」と宣伝され完売したこのマンションは，「美の条例」が付加価値を生んだ事例とされている。

写真11-5　「美の基準」に従って設計されたコミュニティセンター

写真11-6　真鶴町の一角

Case Study｜ケーススタディ 11

ただし，同様の方法がどの地域でも有効かという点については議論の余地がある。おそらく多くの人が疑問に思うのは，同様の条例が大きな都市においても可能なのかという問題だろう。人口が7000人ほどの小さな町では住民の好む町の姿に共通性が見られても，多種多様な生活様式・思想をもつ人々が住む大都市では容易ではない。真鶴町においてさえも，「美の基準」が尊重されずに建設や外壁の塗り替えが行われたという事例がある（野口 2008：10)。

しかし，逆にどの程度の規模であれば，またどのような仕組みをつくれば，私たちは自分が好ましいと思う風景をもった町に住むということを実現しうるのか。さらなる問いを考えていくことで，私たちは自分自身の生活にも積極的に向き合うことができるだろう。

また真鶴町職員の高田幹人は，町の風景のよい点，守っていくべき点が言語化されていること自体に「美の基準」の意義があるとしている（氏へのインタビューにて)。そもそも私たちが自分の暮らす地域についてどのような考えをもっているのかを言語化することなしには，それが損なわれることについても問題を指摘することができない。条例をつくる以前に，個人やグループでこの言語化に取り組むことも重要である。

たとえばその第一歩として，自分の生活圏における好ましい風景・不快な風景を数点ずつ挙げ，なぜ自分が好ましく，また不快に思うのか，その理由を考えてみることもひとつの方法である。たとえば，「緑があるから快適」「明かりがまったくないから怖い」「子どものころの楽しい思い出があるから好ましい」「人ごみが不快」など，いろいろと考えられるだろう。

その風景のよさや問題点を多角的に考えるためには，たとえば進士五十八が提唱する「環境計画のための五条件」はよい手がかりになる。その五条件とは「PVESM（Physical・Visual・Ecological・Social・Mental)」というものであり，それぞれ「①P：生産性・安全性・利便性からの機能的なまちづくり，②V：景観性・美観性からの美しいまちづくり，③E：自然性・生態系保全に配慮した生き物の生きられるまちづくり，④S：社会性・時代性・地域性に配慮した『らしさ』のあるまちづくり，⑤M：精神性・感動性に配慮した『ふるさと』『わがまち』を実感できるまちづくり」を指している（進士 1992：44-45）。これらは，なぜ自分がその風景を「好ましい」ないし「不快」だと思ったのか，説明する際のヒントとなるだろう。ひとつの観点からすれば好ましく思われる風景でも，他の観点からは問題が見つかるかもしれない。五条件それぞれにおいて考えてみれば，その風景についての理解をいっそう深めることができる。

そして，できれば同じ風景のよさ・問題点をめぐって他の人と議論してみてほしい。自分だけでは思いつかなかったことをきっと教えてもらえるだろう。

参考文献

五十嵐敬喜・野口和雄・池上修一　1996『美の条例——いきづく町をつくる』学芸出版社

卜部直也　2013「美の基準が生み出すもの——生活景の美しさ」演題「景観法作成の契機となった美の条例——生活景の美しさ　真鶴町」第34回日本景観フォーラム「景観セミナー」アーカイブ　https://www. keikan-forum. org/arc_semi（最終閲覧2020年6月11日）

進士五十八　1992『アメニティ・デザイン——本当の環境づくり』学芸出版社

NEXT WISDOM FOUNDATION　2016「変えないことが価値をつくる，生活景がいきづくまちづくり——真鶴町『美の条例』」http://nextwisdom. org/article/1382/（最終閲覧2020年6月11日）

野口和雄　2008「特集 景観法と『美の条例』」『自治体法務navi——自治体法務情報誌』22：2-10

吉永明弘　2014『都市の環境倫理——持続可能性，都市における自然，アメニティ』勁草書房

Active Learning　アクティブラーニング 11

Q.1

風土とのかかわりにおいて生まれた特殊な生活様式の具体例を考えてみよう。

世界にはさまざまな生活様式があり，それらの多くは各地の風土の特徴と関係している。たとえば，東南アジアなどに見られる高床式住居は，この地域に特徴的な湿度の高さや洪水とのかかわりのなかで形成されたものである。国内外の他の例を考えてみよう。家や服といった物に限らず，その地域の風土と関係した祭・伝承などもあれば挙げてみよう。

Q.2

モダニズム建築・ポストモダニズム建築のよい点と問題点を考えてみよう。

本章で紹介したように，ベルクは建築におけるモダニズム，ポストモダニズムについて批判的であった。あなたはベルクの批判に賛同するだろうか。可能であれば具体的な建築家とその作品も例に出しながら，自分の考えを述べてみよう。これらの建築が好き，または嫌いな場合は，その理由も考えてみよう。

Q.3

「美の条例」と同様の条例があなたの住む地域にもあると望ましいか考えてみよう。

画期的な試みであるが，その応用には困難もある。「ケーススタディ」を読み（また可能であればインターネットなどでも詳細を調べ），自分にとって，そして自分の住む地域にとって望ましいか考えてみよう。自分の住む地域でも取り入れる場合は，どのようにしたら可能となるかも考えてみよう。

Q.4

あなたの生活圏で好ましい風景・不快な風景を，その理由とともに挙げてみよう。

自分の身の周りで「これは」と思う風景を，他の人に紹介してみよう（スマートフォンなどで撮った写真を見せながら紹介するとよいだろう）。さらに可能であれば，なぜ自分はそこを好ましい，または不快だと思うのか，「ケーススタディ」で紹介された進士五十八の「環境計画のための五条件」に沿って分析してみよう。

第12章

食農倫理学
私たちにとっての理想的な食とは

太田和彦

本章では，今日の「食農倫理学」の特徴を，フードシステムと倫理的消費という2つのキーコンセプトを用いて明らかにする。そして，今日の食に関わる議論と，リスク論，環境倫理学，社会的公正の議論との関わりを，歴史を振り返ることで確認する。私たちは何をどのように食べるべきか，それは誰に対するどのような理由によってなのか，その理由に妥当性はあるか……という問いをめぐる議論は，宗教や食養生などの領域で非常に古くから世界各地でなされている。しかし，食物の生産・加工・流通・消費・再活用という営為によって生じる環境負荷の増大や搾取，食に関連する技術の目覚ましい革新，影響の規模を測りかねる気候変動，減少し続ける生物多様性など，食をめぐる社会，技術，生態系の変化の増大は，食べることがどのような社会的営為であるかについての捉え直しを私たちに迫る。その捉え直しに際して，食農倫理学から提起できる観点を本章では整理する。

KEYWORDS #食農倫理学 #リスク論 #社会的公正 #フードシステム #倫理的消費 #道徳的菜食主義

1｜なぜ食農倫理学を知る必要があるのか

「よい食」の根拠をめぐって

本章では，「**食農倫理学**（food and agriculture ethics）」について紹介する。食農倫理学は，人々が何を食べるべきか，あるいは何を食べたらよいかについて教導することを目的とする分野ではなく，私たちがすでに何らかの意味で理解しているところの「よい食」について再検討し，適宜，食べ物の生産や消費の仕組み（後述する「フードシステム」）に介入するための方策の検討を行う分野である（Thompson 2015）。

まず，「よい食」に関する議論から確認しよう。あなたは「よい食材，食事」として，どのようなものを思い浮かべるだろうか。好きな食べ物や，高級食材……しかし，それだけではなく，次のようなものを挙げることもできるだろう。たとえば，心身の健康に資するもの（新鮮な野菜や果物，栄養バランスのとれたメニュー），他者にとってよりよい環境的・社会的結果を生み出しうるもの（フェアトレード製品，フードバンク），人間以外の動物や環境に対して不要な負荷を与えないもの（菜食，アニマルウェルフェア），自らのアイデンティティを確認したり，他者を理解したりする拠り所となるもの（伝統食）など（安井編 2019）。これらの食材や食事の「よさ」について，さまざまな当事者が価値判断し，議論するときの根拠や妥当性についての足場を，食農倫理学は提供する。先ほど挙げた，心身の健康に資する食べ物の供給は，誰にとってどのように価値づけられるのか（消費者にとって，為政者にとって，医療関係者にとって……）。フェアトレードのコーヒーや紅茶，ココアを，経済的要因によって簡単に手に入れられない消費者はどうすればよいのか。肉食はどのような理由によって，どのように制限されるべきなのか。

このような，「私たちは何をどのように食べるべきか」「食べるべきではないか」「それは誰に対するどのような理由によってなのか」「その理由に妥当性はあるか」というテーマをめぐる議論は，食農倫理学によって初めて生まれた問いではもちろんなく，遡れば，3000年以上の議論の蓄積がある。宗教や民俗における禁忌，食卓での振る舞いや飲酒についてのマナーなど，時代と場所に応じて食についての議論は積み重ねられてきた。

> 「何をどのように食べるべきかをめぐる道徳的な考察は，道徳そのものと同じくらい歴史がある」(Zwart 2000：133)。

しかし，2000年代に入り，食の生産から消費に至るまでのさまざまな分野での関心はこれまで以上の高まりを見せている。たとえば，『食農倫理学百科事典』(2014年，第2版Kaplan (ed.) 2019) や学術誌『食農倫理学』(2016〜) の刊行など，食に関わる議論は急速に整理されつつある。その背景には，食をめぐる状況の変化に，私たちの認識や価値観が適応できていないという事情がある。食物の生産・加工・流通・消費・再活用という営為によって生じる環境負荷の増大や，適正配分がいまだなされていないために続いている飢餓問題，影響の規模を測りかねる気候変動，減少し続ける生物多様性などの環境社会課題。そして，ドローンを用いたハイテク農業，細胞を組織培養することによって動物を屠畜せずに培養できるクリーンミート，カートリッジのなかに詰めた食材をデータに従って積層して加工する3Dフードプリンタなど (石川 2019)，食に関連する技術の目覚ましい革新は，私たちの未来の食卓像の予測を非常に複雑なものとしている。そのなかで，「何をどのように食べるべきか」「私たちが，ある食べ物をよいと見なすのはどのような理由からなのか」という価値判断と向き合うための足場として，食農倫理学の整理が求められているといえるだろう。

・

環境倫理学とのすれ違い

食農倫理学は，農業経済学や農村社会学といった農業に直接に関わる分野のみならず，技術哲学，**リスク論**，公共政策学，とりわけ環境倫理学とも密接なつながりがある。他方で，食に関する議論と環境倫理学は，これまでずっと足並みを揃えて研究を行ってきたわけではない。特にアメリカにおいては，環境倫理学と農林水産業は，むしろ敵対的なものですらあった。1960年代に人々が地域規模の自然保護から世界的な環境問題へと関心を向け始めるきっかけをつくった記念碑的な著作，レイチェル・カーソンの『沈黙の春』(1962年) は，農業で用いられている毒性の強い殺虫剤が食物網全体に影響を及ぼしていることについての告発の書であり，カーソンの著作に対する一部の農業科学者からの反論は激烈なものだった。また，環境倫理学には，人間以外の動植物も権利をもつという主張がある。たとえばロデリック・ナッシュは，人類史を見れば道徳的に配慮すべき対象は拡大し続けていると指摘している（ナッシュ 2011）。奴隷制の廃止，労働者の搾取の禁止，女性参政権の導入，児童労働の禁止，将来世代への配慮，そして人間以外の動植物種へとその同心円が広がっていくビジョンのなかで，一部の論者が，耕地を元の原野に戻し，家畜を解放するべきであると主張し，農林水産業そのものの根本的な問い直しを求めたため，食料生産の実践者たちと環境倫理学との間には一時期，大きな亀裂ができた。お互いがお互いを無視する状況は1990年代半ばまで続いていた（トンプソン 2017）。

環境倫理学者と農林水産業者がお互いを重視し，さかんに交流を持ち始めたのはここ最近の傾向だ。意見や問題関心が重なる部分もあれば，重ならない部分もある。そこで本章では，食農倫理学のキーコンセプトを紹介してその特徴を明らかにするとともに，食に関わる議論の歴史を簡単に確認し，環境倫理学に提供しうる観点について述べる。

2｜食農倫理学のキーコンセプト

社会的営為としての食

1990年代半ば，応用倫理学の新しい分野として食農倫理学の導入がなされた。たとえば，1996年に出版された初期の入門書『食物倫理』（Mepham (ed.) 1996）の目次を読むと，現在用いられている標準的な教科書『オクスフォード・ハンドブック食物倫理』（Barnhill et al. (eds.) 2018）とそれほど顕著な変化がないことに気がつく。しかし，19世紀の食をめぐる倫理的議論と，現在の食農倫理学を比較すると，次の3つの大きな変化を見て取ることができる。①主観的な節制から定量的な栄養学に基づいた食選択への変化，②「道徳的に問題がある食べ物」の拡張，③食の生産と消費の乖離が引き起こすさまざまな社会問題の認識である（Zwart 2000）。ポール・トンプソンは，この3つの変化を，より簡潔に，食に関する従来の議論に①リスク論，②環境倫理学，③**社会的公正**というテーマが組み込まれたものであるとまとめている（Thompson 2015）。

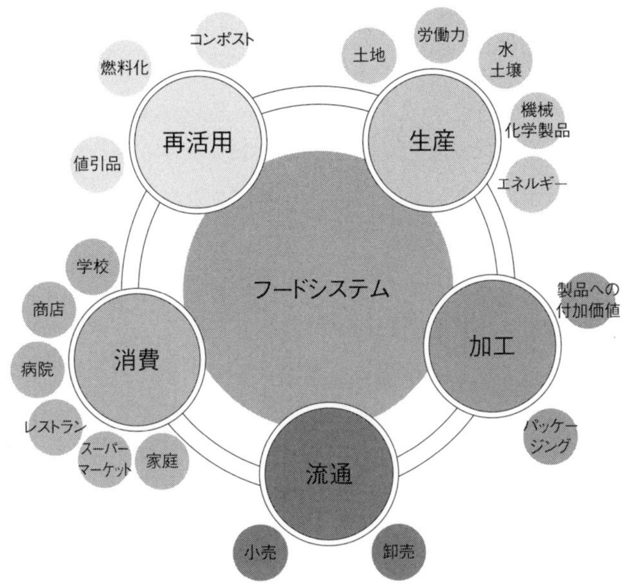

図12-1　フードシステム
出所）筆者作成

これらの変化には，食農倫理学において，食に関わる営為は個人という単位のうちに完結しない社会的営為であるという観点が通底している。それを特徴的に示す2つのキーワードが，食農倫理学で頻繁に用いられる「フードシステム」と「倫理的消費」という概念である。

••

フードシステムとは何か

「**フードシステム**（food system）」という用語は，農業経済学などで用いられ，生産・加工・流通・消費・再活用などの各ステージに分かれる食料供給の一連の流れをシステムとして把握することを指す（図12-1）。

食農倫理学で扱われる課題は，多かれ少なかれ，既存のフードシステムの透明性・柔軟性・公平性・持続可能性の向上を目指すものであり，主観的な事柄――たとえば，より楽しい食事の時間を過ごすための作法や，自分に相応しい食べ物・食べ方の見つけ方など――は，比較すればそれほど重視されていない。

今日の食農倫理学がフードシステムという概念を多用する背景のひとつには，

実践的な希求がある。2005年以降，北米の各都市において，地域の行政担当者，市民団体のスタッフ，関連する事業者たちが集まり，地域の食の問題の解決を目指すフードポリシー・カウンシル（Food Policy Council: FPC）と呼ばれる組織が急増した（立川 2018）。また，2015年には，食をテーマにしたミラノ万博の会期中に「都市食料政策ミラノ協定」が締結され，都市間での情報交換や連携の機運が高まっている（ジュリアーノ 2017）。しかし，フードシステムは，大勢の利害関係者らによって担われており，その背景や価値観は多様で，現状認識と問題関心はほとんどの場合において一致していない。そのため，議論を始め，そして落着させるための共通点・妥協点を見出すことが難しい。このようなフードシステムをめぐる実践における思考の補助線としての役割を，食農倫理学は期待されており，食農倫理学の側もそれに応えようとしている。

••

倫理的消費とは何か

「**倫理的消費**（ethical consumption）」とは，動物保護や環境保全，小規模製造業者と地元の職人の支援につながる商品を積極的に購入し（バイコット），製造過程で環境に高い負荷をかけたり，子どもを労働者として搾取したりする製品を購入しない（ボイコット）という消費者運動を指す。「買い物は投票です」（Jacobsen & Dulsrud 2007）というスローガンは，倫理的消費の実践をよく表している。ある製品が多くの人に買われれば，その製品は市場に残り続けるし，見向きもされなければ，市場から撤退する。1980年代の政治的消費者主義にルーツをもち，食農倫理学とも深く関係している。たとえば，極端に狭いケージで飼育されているニワトリの肉や卵のボイコットや，フェアトレードや地域支援農業でつくられた製品のバイコットは，フードシステムのあり方を変える原動力となってきた（De Tavernier 2012）。私たちの食習慣や食選択が他者にどのような影響を与えうるか，ということに着目する食農倫理学は，倫理的消費の問題意識と大いに重なっている。日本においても，消費者行政や消費者教育の方針は，被害にあわない教育や，被害にあった場合には自ら権利を回復できる「賢い消費者」の育成だけでなく，自らの消費が社会に与える影響を考え，消費の吟味を通じてよりよいライフスタイルおよび社会を構築する消費者になる「市民としての消費者（consumer citizenship）」を育てることへと移行しつつある（野村 2009)。

それでは，食農倫理学において，食と社会とのつながりがどのように捉えられているかについて，3つの変化を順番に確認しよう。

3 食に関する議論の変化

科学的・統計的アプローチの浸透とリスク論

今日の食農倫理学において，栄養バランスがとれたものを食べることは，公衆衛生の観点からパブリックな領域の課題として扱われることが少なくない。たとえば，肥満や糖尿病などの生活習慣病に社会ぐるみで対処することは多くの場合「よいこと」と見なされるし，そのような健康を維持するために，体重計に毎日乗ったり，食品ラベルに書かれたさまざまな栄養素とその量を確認したり，定期的に健康診断を受けたりすることもまた，「よいこと」と見なされる傾向がある。このように，体系的に計測・推論されたデータをもとにした科学的説明に基づいた食料安全保障が語られるようになったのは，20世紀に栄養学が進展して以降のことだ。しかしながら，炭水化物，タンパク質，脂肪，ビタミン，ミネラルについて，栄養学が提示する，量的測定と客観的な節度の基準は，単に科学的な（つまり価値中立的な）基準としてのみならず，社会道徳としても語られる。

このような，社会的観点から食の公共的なあり方を論じる議論は，有名なマルサスの『人口論』（1798年）にまで遡ることができる。『人口論』では，人口増加による飢餓の発生についての憂慮が示されている。人間は，指数関数的に増加し，その人口は，やがて収穫可能な食料量ではまかないきれなくなるだろう。人間以外の動植物の場合，個体数の増加は食物の不足によって抑制されるが，人間は先見性，計算，道徳に頼っており，飢餓と大惨事を防ぐための合理的な解決策を実施することができる（マルサス 2011)。したがって，食農倫理は，倫理そのもののモデルとなる。自己制約ができなければ，世界規模での飢餓が生じる。つまり，食に関する節制の欠如は，個々人に悪影響をもたらすだけでなく，社会にも悪影響をもたらすのである。

マルサスの予言そのものは，その後の農業技術の発展により，農業生産量が急速に増加することとなったために外れたが，『人口論』は食を科学的かつ公共的な対象として扱うひとつの端緒となった。

栄養学に基づく食料安全保障と，人口増加によって生じる飢餓の恐れ。共通するのは，リスクという観点だ。今ここではまだ発現していないがゆえに私たちは利益を追求することができるが，いずれ発現するかもしれない社会的な危機や破滅への不安，そしてそれらの危機や破滅は自分たちの手で回避することができるという希望や進歩の観念は，食農倫理学が新しく導入したものといえる。食べることを通じて自身を危険にさらすことをできるだけ避ける，という行動原理は非常に根源的なものだが，危険をもたらしうるものがキノコやフグでなく，残留農薬や，食品の着色料または保存料，遺伝子組み換え作物，家畜に投与される抗生物質やホルモン剤である場合，それらのリスクと，大量生産と大規模流通を可能にするという利益をどのように扱うかという課題は，科学的かつ公共的なものとなる。

• • •

「道徳的に問題がある食べ物」の拡張と環境倫理学

「道徳的に問題のあるもの，あるいは穢れているものを食べるべきではない」という食の禁忌は，洋の東西を問わず多くの文化圏に存在する。今日，この食の禁忌に，「環境に重い負荷をかけるもの」「人間以外の動物を残酷に取り扱うもの」「まだ生まれていない未来世代の可能性を著しく削減するようなもの」が加えられつつある。本書で提起されている環境倫理学のさまざまな論点は，これらの新しい食の禁忌と強く関わっている。

典型的な事例として，**道徳的菜食主義**（moral vegetarianism）を考えてみよう。道徳的菜食主義とは，屠畜される動物の利益の尊重，家畜の工業的飼育に対する非難の表明，あるいは畜産による環境への悪影響の考慮などの理由から，動物性食品を口にしない選択をする立場である。人が肉食を避ける理由には，さまざまなものがある。宗教上の理由，健康上の理由，あるいは単に肉の味が好きになれないといった理由で肉食を避ける人は世界で10億人ほど存在する。しかし，道徳的菜食主義者はそれらのどれとも異なる理由で肉食を避ける。

たとえば，1970年代に登場したトム・レーガンの「動物の権利論」（レーガン 1995）や，ピーター・シンガーの「種差別」（シンガー 2011）といった動物倫理の議論は，人々が肉食を選択することによって動物に与える複数の悪影響（劣悪な環境で飼育され，苦痛は緩和されず，最終的に屠畜される）を指摘する。また，資源の保全論の立場から，肉食を避けるべきという主張もある。家畜の飼育に伴う森林破壊，温室効果ガスの排出，土壌劣化，水質汚染は深刻な水準に達しており，耕作可能地の持続可能性を考慮すれば，肉食は生態学的に非効率なタンパク質の供給源（ラッペ 1982）であるといえるだろう。

肉食をどの程度，非道徳的なふるまいと見なすかはどうあれ，これらの議論に触れることで，私たちが日常的に口にする肉が食卓に上るまでの光景について意外なほど無知であることに気づかされるだろう。そして，これらの論点をふまえたうえで，道徳的菜食主義者は先述したクリーンミートを許容するか否かという論点も新しく生まれている。このような課題は，今日の食農倫理学が新しく扱うことになった代表的な問いのひとつであることは間違いない。

• • •

食の生産と消費の乖離と社会的公正

19世紀後半に，現在のフードシステムの特徴である，生産業者や加工業者，流通業者，販売業者の連携が実現し，安定的な食料供給と利便性の向上が可能となった。しかし，それは同時に，食の生産と消費が分かたれ，フードシステムの不透明化と硬直化が進むことも意味していた。この変化によって，食料生産と消費の社会的側面の重要性が認識され，食に関わる議論における転換点となった。

食料の生産と消費の乖離に注意が向けられるようになった転換点として，カール・マルクスの『資本論』（1867年）を挙げることができる。資本主義の台頭が，食料製品を工業的に生み出すシステムを整え，生産と消費の距離が大きくなったときに，食は，疎外と社会的緊張と摩擦の象徴となった。

20世紀初頭には，食料の社会的側面にさらに焦点があてられるようになった。1905年に刊行されたアプトン・シンクレアの『ジャングル』は，毎年何百万もの家畜が食料として機械的に出荷されるシカゴの食肉工場と隠された社会的不公正を描いている。工業化された食肉加工プロセス，そして搾取される移民労働者の窮状は，一般大衆の「見えないところに埋められている」（シンクレア 2009: 36）。このシンクレアの告発は，今日の食農倫理学の基底的な理念と地続きである。都市に住む私たちの多くが屠畜の実態を知らないのは，屠畜に従事する人への差別や，屠畜場が街はずれにある歴史的背景と無関係ではない（上原 2005）。

今日，私たちは，自分の食べているものがどのように生産されているか，あるいは自らの購入・使用・廃棄した製品が，どのような人々（あるいは人間以外の動物や周辺環境）に影響を与えているかについて知る機会がほとんどない。この不透明さは，深刻な分配的不正義の温床ともなっている。たとえば，飢餓問題を考えてみよう。今日，世界中で年間約26億 t（Statista 2019）の穀物が生産されており，もしこれが世界に住む77億人に平等に分配されれば，一人あたり毎年340kgの穀物を食べることができる（Statista 2019）。それにもかかわらず，世界では8億2000万人余りの人々が飢餓にさらされている。この状況は，飢餓の根本的な原因が食料の不足ではないことを意味する。現在のフードシステムのあり方を，たとえば，穀物が家畜の飼料に転化される量を減らし，輸送時や販売時に多くのフードロスが生じないように変えることで飢餓を軽減できるならば，私たちはそれに向けて取り組むべきである。しかし，それらは日々の生活の背後に隠れてしまっている。

今日の食農倫理学の特徴は，このように食習慣や食選択を通じて否応なくつながってしまう社会問題に対して，私たち一人ひとりがある程度の個人的責任を負うべきであると示す点にある。どれほどの責任を負うべきかについては論者によってかなり異なる。関心のある方はぜひ類書をお読みいただきたい。また，関連事項を概観する際には『食農倫理学百科事典』（Kaplan（ed.）2019）が参考になる。農場労働者の権利，食料主権，アグロ・エコロジーなどの重要なトピックの他にも，食品の金融化やペットのベジタリアニズムなど，考えさせられる観点を提供してくれる。

参考文献

—

石川伸一　2019『「食べること」の進化史――培養肉・昆虫食・3Dフードプリンタ』光文社新書

上原善広　2005『被差別の食卓』新潮新書

ジュリアーノ，P　2017『都市食料政策ミラノ協定――世界諸都市からの実践報告』太田和彦訳，農政調査委員会

シンガー，P　2011『動物の解放』改訂版，戸田清訳，人文書院

シンクレア，U　2009『ジャングル』大井浩二訳，松柏社

立川雅司　2018「北米におけるフードポリシー・カウンシルと都市食料政策」『フードシステム研究』25（3）：129-137

トンプソン，P　2017『〈土〉という精神』太田和彦訳，農林統計出版

ナッシュ，R　2011『自然の権利――環境倫理の文明史』松野弘訳，ミネルヴァ書房

野村卓　2009「食と農をめぐる環境教育――『食・農（生産・消費）』一体化の流れと教育実践の課題」『環境教育』19（1）：113-124

マルサス，R　2011『人口論』斉藤悦則訳，光文社古典新訳文庫

安井大輔編　2019『フードスタディーズ・ガイドブック』ナカニシヤ出版

ラッペ，F・M　1982『小さな惑星の緑の食卓――現代人のライフ・スタイルをかえる新食物読本』奥沢喜久栄訳，講談社

レーガン，T　1995「動物の権利の擁護論」青木玲訳，小原秀雄監修『環境思想の系譜3 環境思想の多様な展開』東海大学出版会，21-44頁

Barnhill, A., T. Doggett & M. Budolfson (eds.) 2018. *The Oxford Handbook of Food Ethics*. Oxford University Press

De Tavernier, J. 2012. Food Citizenship: In There a Duty for Responsible Consurption? *Journal of Agricultural and Environmental Ethics* 25 (6) : 895-907

Jacobsen, E. & A. Dulsrud 2007. Will Consumers Save the World? The Framing of Political Consumerism. *Journal of Agricultural and Environmental Ethics* 20 (5) : 469-482

Kaplan, D. M. (ed.) 2019. *Encyclopedia of Food and Agricultural Ethics*. Springer Netherlands

Mepham, T. B. (ed.) 1996. *Food Ethics*. Psychology Press

Statista 2019. Worldwide Production of Grain in 2018/19　https://www.statista.com/statistics/263977/world-grain-production-by-type/（最終閲覧2020年5月10日）

Thompson, P. B. 2015. *From Field to Fork: Food Ethics for Everyone*. Oxford University Press

Zwart, H. 2000. A Short History of Food Ethics. *Journal of Agricultural and Environmental Ethics* 12 (2) : 113-126

Case Study｜ケーススタディ 12

望ましいフードシステムのさまざまな語られ方
カプランの「8つの類型」

「何をどのように食べるべきか」「私たちが，ある食べ物をよいと見なすのはどのような理由からなのか」という価値判断と向き合うための足場として，食農倫理学の観点を紹介した。しかし，それらの問いはただひとつの答えを導くものではない。たとえば，デビット・カプランは，望ましいフードシステムのあり方を示す単一の理論的枠組みを示す意義に次のような点から疑問を呈している。――食べ物の種類は多様であり（果物，野菜，肉類，加工食品），生産・流通・消費は無数の異なる環境で行われている。生産者，流通業者，消費者，投資家，行政の部門担当者，科学者，非営利団体のスタッフは，それぞれ異なる利害関心と現状認識，規範，価値観をもっている。そのなかで，無理に食と社会と環境の関係を単純化すれば，あまりにも多くの経験的考察を見落とすこととなる。また，少なからぬ人は，日々の食選択とフードシステムの抱える問題との結びつきを把握しても，電車の脱線現場を目の前にしたような，どうしたらよいのか分からない無力感にとらわれるだろう（Kaplan 2017）。

それでは，食農倫理学には何ができるのか。カプランは，「望ましい食のあり方」について話すときのナラティブ（語り方）に着目する。私たちが異なる前提に立ち，別の現状を見て，ばらばらの理想を描いているのだとしたら，まずはそれらを類型化して整理することで，意見交換が多少なりともスムーズに進む。その後で，「私たちは何をどのように食べるべきか」という問いに向かい合えば，議論をより開かれたものにできるだろう。

カプランは「食と環境と社会を語るときのナラティブ」を次のような8つの類型に分類した（表12-1）。リストは完全ではなく，いくつも検討の余地があるが，自分の見解がどれに近いかを相対化するのには十分に役に立つだろう。

それぞれのナラティブにおいては，典型的な登場人物が存在する（たとえば，「①科学と政策決定」のナラティブでは，善意の科学者と一般市民がよく登場する）。

表12-1　食と環境と社会を語るときのナラティブの8類型

ナラティブの種類	語られる場面	内　容
①科学と政策決定	科学者の発信 政策決定	因果関係を説明し，予測し，対処することが重要。 データを集め，現状を正確に分析することを重視。
②テクノユートピア	民間企業 発展途上国	技術の発展こそが，持続可能な社会を作り出す。 GMOや培養肉などのフードテックに可能性を見る。
③テクノフォビア	地産地消運動 有機農産運動	日々の生活は，いまや技術に振り回されている状態。 シンプルで自然と調和のとれた生活に可能性を見る。
④ロマン主義	スピリチュアリズム	食べ物は，単なる栄養素ではない。 食べることは，自然や先祖と精神的につながる経路。
⑤農者（agrarian）	農本主義	農林水産業を，私たちの道徳と文化の源と見る。 土地との深い関わりが，アイデンティティを育む。
⑥資本主義の矛盾	ドキュメンタリー	安い食べ物の本当の値段：労働者は搾取され，規制は無視され，環境は汚染され，動物は虐げられている。
⑦発展途上国支援	ユネスコなどの 国際機関	まだ世界の飢餓問題は解決していない。 識字率や生活水準の低さ，ジェンダー問題が焦点。
⑧旅行記	ドキュメンタリー	生産地から食卓に届けられるまでの食べ物の変化と，関わる人々と環境の多彩さを知ることが重要。

出所）Kaplan 2017より筆者作成

ある出来事が頻繁に語られ，問題視され，期待され，問われ，そして語られずに終わる。たとえば，①では，加工食品の安全性など，日常生活では気づかれない衝撃の事実や因果関係が，科学的調査やデータの分析から明らかになり，それらの問題に対処するための方策が専門家によって論じられ，政策の是正と人々のリテラシーの向上が期待される。しかし人々が加工食品に頼らざるをえ

Case Study ケーススタディ 12

ない社会構造についてはあまり語られない。食と環境と社会についてあなたが何かを語ろうとするとき，自分の語り方に注意深くあることで，望ましいフードシステムのあり方についての想像力の射程と偏りの質，そして見落とされがちな論点を補い合うための意見交換の必要性を理解できるだろう。

本章で述べた食農倫理学の議論は「何をどのように食べるべきか」をめぐるこれらのナラティブのどれかひとつの“正しさ”を論証するものではない。異なるナラティブで望ましい食のあり方が語られるときに，衝突ではなく実り多い議論となる補助線を提供するものとして活用していただければと思う。

参考文献

Kaplan, D. 2017. Narratives of Food, Agriculture, and the Environment. In S. M. Gardiner & A. Thompson (eds.), *The Oxford Handbook of Environmental Ethics*. Oxford University Press, pp.404-415

Active Learning ｜アクティブラーニング 12

Q.1

これまで最も印象的だった食事について話し合ってみよう。

なぜ印象的なのか，どのような食べ物を，誰と，いつ，どこで，どのように食べたのか。それは特別な食事だったのか，ごくふつうの日常の一場面なのか。それはクラスメイトにとっても馴染みのあるものか，ないものか。思い浮かぶままに3つほど例を出して，それぞれの体験と洞察を話し合ってみよう。

Q.2

栄養と健康がどのようにアピールされているか調べてみよう。

ヨーグルトや野菜ジュースなどに表示されている，栄養分や健康促進の宣伝文句が，どのような集団に何を訴えかけているかを分析してみよう。肥満防止や不足しがちなビタミンの補給，がんの予防，美容などの効果は，どれくらい信用できそうか，疑わしいか。そしてなぜそれらの宣伝は購買意欲をそそるのか，話し合ってみよう。

Q.3

フード・ドキュメンタリーを観てみよう。

映画『フード・インク』（ロバート・ケナー監督，2008年）を観て，ネット上でこの映画の肯定的・否定的評価がどのような論点からなされているか調べてみよう。公開から10年余りが経って，工業的な食や安全な食をめぐる社会状況はどのように変化したか，あるいは変化していないか調べてみよう。

Q.4

「50年後の未来人」との食事を想像してみよう。

50年後から未来人がやってきたとしよう。あなたは「今は存在するが，50年後の未来において入手が不可能か，あるいは入手が困難になった食材」を使うことにした。その食材は何だろうか。なぜその食材は入手不可能・困難になったのだろうか。その食材を未来人は喜んで食べるだろうか。自由に想像して，その食材を使った料理を描き，他の人と意見交換してみよう。

第13章

都市の環境倫理
持続可能性と「空地」の思想

吉永明弘

この章では，2000年代にアメリカで登場した「都市の環境倫理」について学ぶ。都市に注目すべき理由は，①環境倫理を自分のものとして具体的に考えるためには，身近な環境についての議論から始めようということ，②現代では多くの人にとって身近な環境は都市であること，③それにもかかわらず，都市環境が環境倫理学ではあまりにも見過ごされてきたということにある。

代表的な論者であるアンドリュー・ライトの議論をふまえて，ここでは「都市の環境倫理」の主張を次の3点にまとめる。

①都市は地球の持続可能性に貢献できる。戸建て住宅に分散して住み，マイカーで移動する郊外型のライフスタイルよりも，集住と公共交通の利用を中心とする都市型のライフスタイルの方が，資源とエネルギーが節約できるからである。②都市における自然に目を向けるべきだ。都市のなかにも動植物はいるし，緑地も川もある。「都市には自然がない」といってしまうと，現にそこにある自然に目が向かなくなるだろう。③都市生活はストレスが多いといわれるが，それは仕事のしかたや人間関係の問題が大きく，必ずしも都市生活に起因するわけではない。都市で快適に過ごしている人もいる。地方への逃避を考えるよりも，都市生活のアメニティを高めることを考えるべきだろう。

KEYWORDS #環境プラグマティズム #公共交通 #集合住宅 #エコロジカル・フットプリント #エコ住宅 #市街化調整区域

1｜なぜ都市を問題にするのか

・

環境プラグマティズムと都市の環境倫理

1970年代にアメリカに登場した「環境倫理学」は，主に「自然」に対する人間社会の行動規範を考えてきた。そこでは人の手の入っていない自然，すなわち原生自然（wilderness）がイメージされ，原生自然を人の手から守ることが目指されていた。それに対して1990年代以降の日本の環境倫理学では，むしろ人の手が入った自然，たとえば「里山」の手入れがテーマになった。この場合はむしろ，自然に対して人の手を適切に入れることが求められたのだ。

やがて2000年代に入ると，アメリカの環境倫理学のなかで「都市環境」が話題になった。代表的な提唱者はアンドリュー・ライトで，その背景には，彼の主張する「**環境プラグマティズム**」の問題意識がある。

序章で見たように，環境プラグマティズムは，1990年代にアメリカの環境倫理学のなかに登場した一種の内部批判である。ライトらは，従来の環境倫理学の論争とその結果が，「環境科学者や実務家や政策立案者たちの審議にいかなる現実的な影響も与えてこなかったように思われる」といって批判した（ライト/カッツ 2019：1）。そして今後の環境倫理学は，実際の環境政策に影響を与えることを目指すべきだと主張した。加えてライトは，環境保全の「動機づけ」について研究することも環境倫理学の仕事だと主張する。彼が都市環境に注目するひとつの理由は，都市の自然再生プロジェクトへの参加が，環境保全への動機づけになるという点にある（吉永 2014：104-118）。

・

環境とは「身のまわり」

よく考えてみると，環境倫理学が自然環境のみを議論の対象にするのはおかしなことだ。環境は自然とイコールではない。環境（environment）とは，主体をめぐり囲むものすべてを表す言葉であり，そこには自然も人工物も含まれる。そこから環境倫理とは，そのような環境に関する人間社会の活動がどうあるべきかを問うものとなる。したがって，人間の環境としての都市が，農山漁村と同様に問題になる。まちづくりや都市計画のあり方も当然，環境倫理のなかで扱われるテーマなのだ。

人の手が入った自然（里山）に目を向けようという主張は，人々の足もとの環境，すなわちローカルな環境に注目しようという主張でもあった。人のいない自然を人の手から守るという枠組みは，多くのローカルな社会では現実離れした想定だ，ということが，今では常識的になっている。その点からすると，地球の人口の半数以上が都市に住んでいる現在，人々にとって身近な環境とは「都市環境」であり，都市環境を射程に入れずに原生自然や里山だけを強調する環境倫理学は人々の実感から離れてしまうのではないか，という懸念がある。あえて都市を問題にするのは，そのためでもある。

重要なことは，環境倫理学が対象とすべき環境には，奥山や里山だけでなく，都市も含まれなければならない，ということだ。したがって，「都市が圧倒的に優れた環境で，田舎や里山は価値が低い」ということにはならない。田舎や里山を都市化することは現代では抑制的であるべきだ。都市の拡張（スプロール化）は地球環境にとってもこれからの人間社会（人口減少時代）にとっても有害なものであり，コンパクトな都市に密集しつつそこで快適に暮らすことを目指すべきである。以下ではこのテーマについて，ライトの主張を土台に議論してみたい。

2｜持続可能性の観点から見た都市環境

都市は地球に優しくないのか

都市に焦点を合わせることに対しては，従来の原生自然や里山を対象とした環境倫理学の立場から，いくつかの批判が向けられるように思う。

まず，「都市は人口が多く，大量の資源・エネルギーを消費する，地球に優しくない地域ではないか」という反論が聞こえてきそうだ。そこでライトの論文を見てみると，ライトは都市に住むことの利点として，**公共交通**と**集合住宅**の利用によってエネルギーの効率的な利用がなされることを挙げている。つまり，街中のアパートに住み電車で移動する生活は，郊外の一戸建てのクルマ中心の生活よりも，効率的で，地球に優しくなるとライトは主張する（吉永 2014：106）。

私たちは日常的に地球環境に負荷をかけているが，なかでもマイカーとエアコンの利用による負荷は圧倒的に大きいとされている。したがって，マイカーでの移動を減らすことで，地球環境への影響を軽減することができるし，エアコンを使わずに生活をすることも地球環境への貢献となる。しかし，郊外の戸建て住宅でマイカーとエアコンを使わずに生活するのは困難だ。それに対して，徒歩と公共交通で用事が済む都市であれば，マイカーは不要になる。また効率的な熱利用や通風などを工夫した集合住宅に住むことで，エアコンの使用を極力控え目にすることができる。現在の都市が地球に優しくないとしたら，それは都市自体の問題ではなく，都市の社会基盤の未整備，あるいは誤った整備のためだといえるだろう。

••

どんな住まいがエコなのか――エコロジカル・フットプリントによる分析

そうはいっても，一般的なイメージとしては，都市の集合住宅に暮らすよりも，田舎で広い家に住んだ方が，地球環境にも，人間の暮らしとしても望ましいように思える。しかし実は集合住宅の方が一軒家よりもエコだということは，多くの人によって検討され，実証されている。

L・A・ウォーカーは，**「エコロジカル・フットプリント」**（以下EF）という指標を使って，住宅形式ごとの環境負荷を測定している。EFとは，環境負荷の大きさを，人間が自らの生活のために踏みつけにしている土地の面積という形で示した指標である。この言葉の考案者たちによれば，EFは「ある集団が行うさまざまな消費活動と廃棄物の排出という行為のために必要とされる土地（水域）面積を合計したもの」という（ワケナゲル/リース 2004：94）。EFの特徴は，消費されるエネルギーや物質を土地面積に換算して比較できる点にある。

ウォーカーの論文では，一戸建て住宅，タウンハウス（長屋），エレベーターのないアパート（低層アパート），高層アパートのEFが比較されている。その結果は，一戸建て住宅が最もEFが大きく（つまり最も環境負荷が大きく），タウンハウスは一戸建ての78%，低層および高層アパートは一戸建ての60～64%だった。そこからウォーカーは，住宅のEFを減少させるには住宅の高密化を促進する政策が必要だと結論づけている（Walker 1995）。

この結果は，都市内のタワーマンション建設を推進する人たちにとって好都合なものである。戸建て住宅よりも高層建築の方が環境負荷が低いことが明示されているからだ。ただしウォーカー自身は，高密度＝高層アパートではなく，「市民の受け入れやすさ」という点から「中密度」＝低層アパートの方がよいだろうともいっている。和田喜彦はこの結果から高層建築の推進が導かれるわけではないと考えている。和田は，高層で高密度になると，高いところに人や物を持ち上げるエネルギーがかかることや，過度な集中が引き起こす問題があるとして，「中密度」くらいがちょうどよいと主張する。ここでの「中密度」とは，2〜3階建ての低層集合住宅（タウンハウスもここに含まれる）を指している（和田 2014）。

このように，低層がよいのか高層がよいのかについてはもう少し検討の余地があるが，このウォーカー論文で注目すべきは，集合住宅であれば高層でも低層でも環境負荷はそれほど変わらない，という点にある。ライトがいうように，郊外の戸建て住宅よりも都市内の集合住宅に住んだ方が環境負荷は低いということが，ここで実証されている。

••

現在のエコ住宅はエコではない

産廃Gメンとして名を馳せた千葉県職員の石渡正佳は，『スクラップ・エコノミー』という本のなかで，現代日本の都市政策と住宅政策の問題点を論じている。産業廃棄物問題に長く取り組んできた石渡の目には，現代日本の都市と住宅が巨大な廃棄物のように映る。石渡は，現在のように25年で家を建て替えることは，文字通り住宅をごみにしている。その結果，都市の価値も損なわれ，都市もスクラップになる。逆に住宅を長持ちさせることは，住宅の資産価値を守り，結果的に都市を持続可能なものにするという（石渡 2005）。

その石渡は別のところで，現在の日本の**エコ住宅**を痛烈に批判している。石渡によれば，巨大な建築の方が環境性能がよいという。体積が大きくなればなるほど，表面積の割合が小さくなっていく。住宅の表面積が小さければ，資材も少なくて済むし，エアコンの電力も節約できる。したがって，スマートシティを実現するには集合住宅を建てるべきである。それなのに，現在の日本ではエコ住宅と称して低層戸建て住宅をたくさんつくっている。その場合，住宅の表面積の割合が増え，それゆえに資材とエアコンの使用量がかさむことになる。したがって，現在の日本の低層戸建て住宅は，環境上は最低の建築物である，というのが石渡の見解である。

逆に，日本の伝統集落はエコだったと石渡はいう。大家族居住の大屋根建築は居住空間あたりの表面積が小さく，茅葺き屋根なので断熱効果が抜群によい。庇が大きいと遮光効果も高く，屋敷林に囲まれているので自然の冷気暖気の効果もある（石渡 2014：148-149）。この議論からは，都市に集まって住むことだけがエコなのではなく，いわゆる「田舎暮らし」をした場合にも，伝統的な住まい方をきちんと継承できるのであればエコになる，ということが導かれるだろう。

・・

心がけではなく政策の問題

このようにいうからといって，「エコな社会を実現するために都市の集合住宅に住む」ことや，「田舎暮らしをするにあたって伝統的な大型家屋に大勢で住む」ことを，個々人の行動に求めているわけではない。問題の焦点は住宅政策や都市政策にある。ウォーカーも，住宅のEFを減少させるには住宅の高密化を促進する政策が必要だと結論づけている。また，郊外にエコ住宅という名の戸建て住宅の建設を推進するよりも，古民家や空きアパートの再生・活用に補助金を出した方が，エコな政策となるだろう。

近年では，さまざまな理由で地方移住を希望する人が増えており，地方も受け入れ態勢を整えている。それは地方の自然環境や社会環境を維持または改善することにつながるかもしれない。しかし，郊外に「エコタウン」を造成し，小型の戸建て住宅で「田舎」を埋め尽くすならば，地球環境にとっては最悪の結果になるだろう。それを推進する政策はエコな政策ではないといえる。

・・

資源・エネルギー，食料，緑地の問題

最後に，都市は自給自足しておらず，資源やエネルギー，食料を農山漁村に依存している，という批判があるが，これはその通りといえるだろう。たとえば電気は送電ロスをもたらしながら遠方から都市へと運ばれてくる。また食料も，輸送の燃料や保存料を使用しながら遠くから運ばれてくる。「フード・マイレージ」の指標はこの点の視覚化を試みたものといえよう。

もちろん，現状では都市における完全な地産地消は夢物語である。それでも，たとえば災害時のことを考えるならば，都市のなかに小型の発電所や農地を整

備することなどによって，少しでも電気や食料を自給できるようにしておかないといけないことはすぐに分かるだろう。近年では企業でも自社発電の取り組みがなされ，また市民農園への関心も強まりつつある。これは望ましい流れといえるだろう。

またCO_2の排出ばかりをして，CO_2の吸収がなされていない，という批判もあるが，これも同意できる。むしろこのような批判を受け止めて，都市内での食料生産（都市農園）と，都市内での緑地の確保を進めるべきだろう。密集が重要とはいっても，人口減少時代に都市内の農地・緑地の宅地化を進めることは時代の趨勢に逆行する政策といえる。次にこの問題について考えていく。

3｜都市における自然の確保——「空地」の思想から

都市に自然はないのか？

先ほど，都市に焦点を合わせることに対して従来の環境倫理学者からは批判の声が挙がるかもしれないと書いた。特に，原生自然保護を第一とする人々からは，「都市に自然はあるのか？」という疑問が出されるかもしれない。

実際のところ，都市を，コンクリートやアスファルト，ビルやマンションに囲まれた人工的な地域，つまり「自然がない地域」として思い描く人は少なくないだろう。しかし，都市に自然がないというのは事実ではない。都市には緑地や公園，川原がたくさんあるし，動物も住んでいる。もし，都市を自然がない地域として表象してしまうと，都市における自然が注目されなくなる。そうなると，身近な自然がなくなっても気づかれない，あるいは関心をもたれない，ということになる。「都市に自然はない」という規定は，都市に今ある自然を破壊する方向にしか作用しないだろう。

これに関連して，都市に住んでいる子どもは自然にふれていないという言説について考えてみよう。都市の子どもは自然体験が不足しているとして，田舎に連れて行って自然体験をさせることを推奨する動きがある。しかし都市の子どもは本当に自然体験が不足しているのだろうか。たとえば，子どものころに「秘密基地」をつくった経験がある人は多いだろう。そのとき，秘密基地には何らかの形で自然が絡んでいる。神社の茂み，林のなか，川の中州，公園の隅などが秘密基地の場所となる。草でアーチ屋根をつくったり，土を掘ったりもする。石ころやどんぐりをそこに隠したりもするだろう。その体験は「自然体験」なのではないだろうか。それがなくなったり壊されたりしたときの悲しさも含めて，秘密基地づくりは都市において子どもに自然と自然破壊を体験させている。この体験を見ずに，プログラムされた田舎への旅行を「自然体験」として推奨するのはおかしなことだと思う。

つまり先の問いに対しては，「都市のなかには自然がある」と答えることができる。そのうえで，都市内の自然がどんどん減少していることを問題にすべきなのだ。

•••

都市で快適に暮らすためにも自然が必要

都市内の自然を確保すべき理由は，CO_2の吸収やヒートアイランド現象の抑制といったこともあるが，それ以上に，人が都市で快適に暮らすためでもある。

ここで，特に大都市に対する批判として，「こんなところは本来，人の住む場所ではない」という言説を取り上げよう。大都市はゴミゴミしていて，人間にとってストレスの多い場所だといわれて，頷く人もいるかもしれない。このような問いに対しては，すべての都市がストレスフルなわけではないし，ストレスをためるのはその人の生活の仕方，働き方，人間関係によるところが大きいだろうと答えられる。都市はストレスフルだから田舎で暮らそう，というのではなく，都市を快適にすることを考えた方がよいのではないだろうか。快適な都市生活を満喫できれば，田舎に逃避しなくても済むだろう。

都市が快適になれば，その副産物として，観光地となった世界自然遺産に人々が殺到し，現地の自然を破壊したりごみを散らかしたりする「オーバーユース」（過剰利用）が，多少は緩和されるかもしれない。もちろん観光自体は批判されるべきものではない。しかし，ある場所が「名所」になったために人々が殺到して荒らされてしまう，というのはやりきれない思いがする。それよりも，都市にある自然の魅力を発見し，そこで楽しむことができれば，わざわざ遠くの名所に行かなくても済むだろう。地域のオーバーユースだけでなく，長期休みの道路の渋滞も少しは緩和するかもしれない。自然にふれるために，わざわざ別の地域に行く必要はない。自分たちが住んでいる地域に緑地を確保し，そこで自然に親しむことができれば，それが一番だろう。そのためには都市政策として，都市のなかにある程度の緑地を確保することが必要になってくる。

•••

「空地」の思想

都市の緑地の必要性を，「空地（くうち）」という観点から考えてみよう。これは建築家・都市計画家の大谷幸夫の言葉である。大谷は『「空地」の思想』（大谷 1979）のなかで，都市整備として，施設をつくればよいという「施設主義」の弊害を説いている。続けて彼は，都市の防災について論じる。そこで大谷は，防災の基本は日常の生活環境をよくすることである，と喝破する。地下街や巨大ビルは，日常性に欠け，容易に異常事態が発生する。そこで大谷の重視するのが「空地」である。それは文字通り，空と地面であり，空気の容量が大きければ火事の際に煙が充満することもないとして，その防災効果を主張している。逆に地下街や巨大ビルは空地がないために危険になる。

このように大谷は，施設づくりを中心とする都市計画を批判し，都市に空地を確保することを主張している。大谷によれば，古代ギリシャでは「施設にできないような，あるいは，特定の施設にはしない方がよい活動とか，行動や機能が広場に残っている」（大谷 1979：201）けれども，「いまは施設になるものだけが価値があるとしてそれをつくり，施設化できないものは価値がないとか存在しないかのごとく扱っている」（大谷 1979：202）。そして「まちのなかのすべてが，既知のものとして，意味づけられたものだけで埋めつくされているのはおかしい」（大谷 1979：204）として，「市街地の中の小さな原っぱ，あるいは傾斜地の自然などをそっとして置こう」と述べている（大谷 1979：214）。

ここから分かるのは，大谷が考えている都市の「空地」とは，「施設化されずに留保された場所」ということである。留保されたところが，オープンスペースとして都市民に寄与するわけだ。緑地はそのようなオープンスペースとして最も望ましいもののように思える。

この「空地」の思想を現代の法制度に当てはめると，それを具現化しているのは「**市街化調整区域**」ではないかと思う。現在の日本の都市計画における「市街化区域」と「市街化調整区域」の線引きは，産業の発展のために都市化を進める地域を指定するという意味合いが濃厚である。つまり，力点は「市街化区域」にある。「市街化調整区域」は「市街化を抑制すべき区域」であり，乱開発を避けて緑地や農地を維持することを目的としているが，現状ではその理念があまり強調されていない。しかし，大谷の「空地の思想」を援用することによって，「市街化調整区域」の意義をよりうまく提示できるのではないだろうか。

4｜都市の環境倫理をテーマ化する理由

最後に，都市の環境倫理をテーマ化することの利点について考えてみたい。

第一に，都市環境について考えることは，人間の営みや文明を肯定することにつながる。環境問題は「人間嫌い」「文明嫌い」を引き起こすようなところがある。人間は地球や自然にとって害悪をもたらすだけの存在で，文明の歴史は自然破壊の歴史であったとさえ解釈できる。しかし人間が自然を豊かにしてきた面もあるし，自然の循環の一部を担ってきたのも確かであろう。問題は，産業革命以降，人間活動が地球の気候に不可逆的な変化を起こしていることや，人間活動が猛烈なスピードで種の絶滅を引き起こしたこと，それから自然の循環に収まらない人工物（廃棄物）をつくったことなどにある。逆にいえば気候変動を緩和し，種の絶滅スピードを遅らせ，人工物（廃棄物）を適切に処理できるのも人間だけなのだ（それができないのが放射性廃棄物であり，だからこそ最も深刻な問題なのだ）。

第二に，都市を射程に入れることは，環境倫理の間口を広げることにつながる。というのも，環境倫理を，自然愛好家やアウトドア派の趣味的な主張と解釈する人が時々いるからだ。しかし，「環境」を身の回りと捉えるなら，環境倫理は，自然愛好家やアウトドア派だけのものではなく，地球に暮らすもの全員に関わりのあるものになる。

繰り返しになるが，現代は，地球の人口の半分以上が都市に住む時代である。したがって，都市問題は環境問題であり，都市を舞台にすることによって，個々人の身近な環境との関わりを見つめ直すなかで，環境に対する規範を，自分に関わりのあるものとして，具体的かつ実現可能な形で議論することができるように思う。「都市の環境倫理」をテーマ化する最大の理由がここにある。

参考文献

石渡正佳　2005『スクラップ・エコノミー——なぜ，いつまでも経済規模に見合った豊かさを手に入れられないのだ！』日経BP社

——　2014「石渡正佳さん講演『不法投棄現場から環境問題を考える』」吉永明弘編『都市の環境倫理　資料集』（非売品），134-149頁

大谷幸夫　1979『「空地」の思想』北斗出版

吉永明弘　2014『都市の環境倫理——持続可能性，都市における自然，アメニティ』勁草書房

——　2017a「どんな住まいがエコなのか　——『都市の環境倫理』再論」シノドス https://synodos.jp/society/18874（最終閲覧2020年5月1日）

——　2017b「都市に『緑地』はなぜ必要か——『市街化調整区域』を真面目に考える」シノドス https://synodos.jp/society/20444（最終閲覧2020年5月1日）

ライト，A／W・カッツ　2019「紛争地としての環境プラグマティズムと環境倫理学」田中朋弘訳，ライト／カッツ編『哲学は環境問題に使えるのか——環境プラグマティズムの挑戦』岡本裕一朗・田中朋弘監訳，慶應義塾大学出版会，1-21頁

ワケナゲル，M／W・リース　2004『エコロジカル・フットプリント——地球環境持続のための実践プランニングツール』和田喜彦監訳，池田真里訳，合同出版

和田喜彦　2014「和田喜彦先生に聞く」吉永編，前掲書，51-72頁

Walker, L.A. 1995. *The Influence of Dwelling Type and Residential Density on the Appropriated Carrying Capacity of Canadian Households*, Unpublished MSc Thesis. Vancouver: UBC School of Community and Regional Planning.

Case Study｜ケーススタディ 13

都市の緑地を守る運動
鎌倉広町の森と瀬上沢緑地

鎌倉広町の森

近隣の緑地を守り抜いた市民運動として有名なのが，1979年から2003年までの25年にわたって繰り広げられた「鎌倉広町の森」の保護運動である。運動の担い手たちは，運動の過程をつぶさに記録し，著書を刊行した。以下ではその著書に従って運動の経緯を追っていく（鎌倉の自然を守る連合会 2008）。

1973年に，近隣の森に開発の気配を感じた主婦が近所の人たちに相談したことがきっかけとなり，1979年に自治会を主体とする「広町の山を守る会」が成立した。面白いのは，それまでその森の地域には名前がなかったのだが，このときに「広町」という名前がついたということだ。人々が注目し，守りたいと思ったときに，名前がつけられたのである。

「広町の山を守る会」は，現地の観察会から始め，市長への陳情，署名活動などを活発に行っていく。その後，保全を求める自治会が結集し「鎌倉の自然を守る連合会」が結成される。この「連合会」が最後まで運動を牽引することになる。

最初の危機は，1989年，当時の市長が開発を認める発言をしたことである。そこで市長の再選阻止を目指すが失敗に終わる。再度の署名活動，陳情，市長への抗議などを展開し，1993年の選挙で保全派の市長を誕生させる。

新市長はすぐに開発手続きを凍結させたが，開発事業者はあきらめない。そこで市・市民・開発事業者の三者協議が行われるが，議論は平行線をたどる。1998年には開発手続きが再開される。市が開発事業者から損害賠償請求訴訟を起こすといわれたからである。

そこで「連合会」は土地の買い取り資金を集めるべく，トラスト運動に乗り出す。また，環境アセスメントに多数の意見書を提出しつつ，市の保全策を待つことになる。審議会が出した案は都市計画法に基づく「都市林」にするというもので，これで市が具体的に保全に向けて動き出すことになった。その後も開発事業者との駆け引きが続くが，ついに2003年に市の買い取りによる全面保全が実現した。

この本を読むと，鎌倉の市民たちの奮闘ぶりに圧倒される思いがあるが，近隣の緑地を残したいという市民の要求が実現するために25年もかかることにも驚きを感じる。それが日本の現状なのである。そして今でも緑地の開発は各地で行われている。

瀬上沢緑地

横浜市の港南区と栄区の区界付近にある瀬上沢緑地は，鎌倉市まで続く横浜市内最大の一大緑地帯である。ここに東急建設による開発計画が持ち上がっている。この計画に対して，市民団体「横浜のみどりを未来につなぐ実行委員会」は住民投票を行うことで市民の意思を示すことを訴えてきた。

緑地の特徴，開発計画の概要，それに対する市民団体の対応などは，「グリーンアクティブ」の公式サイトに掲載されている記事を参照してほしい。論点はいくつかあるが，本章の観点から指摘したいのは，横浜市がこの緑地の地域を「市街化調整区域」から「市街化区域」に変更することによって，この開発を可能にしようとしている点である。

神奈川県が線引きしていた時代（2008年）は，東急建設の開発計画も，市街化区域への線引き変更も却下されていたという。しかし，地方分権によって基礎自治体に権限が委譲され，神奈川県に代わって政令指定都市である横浜市が線引きを担うことになってから，このような変更が計画されたのである。

住民に近い自治体に多くの権限を移譲するというのは，一見素晴らしいことのように見える。だが，基礎自治体の判断が必ずしもよいものになるとは限ら

Case Study｜ケーススタディ 13

ない。市街化区域に変更することによって，宅地や商業施設の建設が可能になると，一時的に人口増加による税収や雇用が増加する。そこから基礎自治体は短期的なメリットをねらって開発を許可する方向に進みがちである。しかし，日本が人口減少に向かっていることを考慮すると，長期的には正しい判断とはいえないだろう。

また，本章の観点からは，この変更計画は市街化調整区域の理念を無視するもののように思われる。何のために市街化調整区域があるのか，が考えられていないから，安易な線引きの変更計画が起こるのだ。市街化調整区域を，都市に「空地」を確保するための制度としてもっと積極的に評価すべきである。そして，自治体の短期的な都合によって安易な線引きの変更が起こらないような仕組みをつくることが望ましいと考える。

環境保護はエゴイズムだという批判

最後に，こうした住民による緑地保全の主張を，新住民のわがままだとする見方がある。鎌倉広町の運動に対しても，古くから住んでいる人たちから，「自分たちが分譲地に住んでいながら開発に反対するのは矛盾ではないか，あるいはエゴではないか」という批判がずっとあったという。この論法は近年ではさまざまなところで実質的に論駁されている。

たとえば「反原発」ではなく「脱原発」という言葉には，原発の恩恵をこれまでは受けてきたがこれからは危険性が大きいのでやめよう，というニュアンスがある。これは合理的な言説といえよう。これまで恩恵を受けてきた人が原発に反対するのはおかしい，とはいわれない。同じように，これまでは緑を削っても他に十分に緑があったので何とかなっていたが，これ以上削るのはまずいのでやめよう，という判断は合理的といえるだろう。

瀬上沢緑地の場合は，「開発を抑制すべき区域」なのに，それが変更され開発されそうになっているという点がポイントである。批判者は，「そこに宅地を建てて住みたい人もいるのにそれを許さないのは先に住んでいる人のエゴである」というかもしれない。だがそれは，たとえば，すでにそのアパートに住んでいる人が，空いている部屋に新住民が入居するのを嫌がって断るのとは異なる。なぜならこの場合，入居を断られる部屋は「空き部屋にしておく」ことが決められた部屋だからである。このような取り決めを気軽に否定できるのならば，都市計画という制度の意義が掘り崩されることになるだろう。

たとえば「史跡」を保護することに対してはあまり批判はなされない。それは国民や人類の「共通の財産」とされているからかもしれない。しかし地域の森もその地域住民の「共通の財産」である場合が多い。「名のある」場所に対しては，保護するためのコンセンサスが得られやすい。しかし「無名の」場所，明確には意味づけられず留保されている場所も都市住民にとっては重要である。市街化調整区域はそのような「無名の」場所を守るための仕組みとして再評価されるべきだろう。

参考文献

鎌倉の自然を守る連合会　2008『鎌倉広町の森はかくて守られた』港の人
グリーンアクティブ　http://green-active.jp（最終閲覧2020年5月1日）
横浜のみどりを未来につなぐ実行委員会　http://livegreenyokohama.com/（最終閲覧2020年5月1日）

Active Learning｜アクティブラーニング 13

Q.1

秘密基地づくり，または子どものころの自然との関わりについて書いてみよう。

秘密基地をつくった当時を思い出して書いてみよう。絵を描いてみるのも面白いだろう。また，その場所が現在どうなっているのか，行ってみて写真を撮ってくるのもよいだろう。「自然との関わり」の場合，林間学校などのイベントについてではなく，近所にある自然にふれた記憶を思い出して書いてみよう。

Q.2

都市環境を射程に入れることのプラスとマイナスについて話し合ってみよう。

環境倫理学は主に「自然」を対象にしてきたが，本章では「都市」を対象に含めることを主張した。都市環境を射程に入れることは，本章で述べたことのほかにどのようなプラス面があるだろうか。あるいは逆に，都市を含めることにはマイナス面があるだろうか。話し合ってみよう。

Q.3

「アメニティマップ」をつくってみよう。

近所を歩いて，好きな場所（アメニティ）と嫌いな場所（ディスアメニティ）を探してみよう。地図上に，好きな場所には緑，嫌いな場所には赤のシールを貼り，その理由を書いていく。どんな場所をどう評価するかは人それぞれだろう。各人の地図を突き合わせて，評価の共通点と相違点を見つけてみよう。

Q.4

「未来ワークショップ」を開いてみよう。

未来予測のデータに基づき，まちの未来について議論する「未来ワークショップ」という試みがある（http://opossum.jpn.org/work-shop/）。参加者たちは「未来市長」として地域の課題の解決に取り組み，提言をまとめる。これに類似した試みが近くにあれば，ぜひ参加してほしい。なければ，同様のワークショップを主催してみよう。

第14章

エコツーリズムと環境倫理

環境と観光の交差点から

紀平知樹

環境倫理学という学問のなかで観光の問題が取り上げられることはこれまでめったになかったことかもしれない。実際，従来の環境倫理学の主要なテキストを眺めてみても，観光という問題に1章を割くことはなかっただろう。とはいえ，観光がさかんになることで多くの人が移動し，自然環境だけでなく文化的な環境にも大きな影響を与えている。特に現代では，観光は経済開発の一翼を担っており，経済成長を達成するためには多くの観光客に観光地を訪問してもらう必要がある。しかし観光客が増えすぎることによって観光地の環境が劣化するというジレンマに直面する。観光とは非常に複合的な現象であり，すでに人類学，社会学，経済学などさまざまな分野から考察が行われており，近年では観光学や倫理学の一分野としての観光倫理学という学問領域も確立しつつある。そうした学問の知見をもふまえて，本章では倫理的な観点から観光のひとつの形態であるエコツーリズムについて考察することとする。

KEYWORDS #オーバーツーリズム #持続可能な観光 #エコツーリズム #環境収容力 #囚人のジレンマ

1｜観光の隆盛とそのインパクト

観光立国と観光客の増加

2007年1月1日より観光基本法が全面的に改正され，観光立国推進基本法が施行された。日本はこれまで優れた技術力で製品を生み出し，それを輸出することで経済発展を達成する技術立国という理念を掲げてきた。それに取って代わるかのような勢いで観光に対する期待，特に経済的な発展の可能性に対する期待が高まってきている。ここではまず観光に関するこうした動向を確認してみることにしよう。国連世界観光機関（UNWTO）によれば，世界の輸出区分において観光は化学，エネルギーに次いで第3位の部門である。また世界全体のGDPの10％を占めるほどに成長しており，雇用面でも10人に1人が観光関連の仕事に従事しているという（UNWTO 2018：6）。

日本における観光の動向についても確認しておこう。1964年に東京オリンピックが開催されたが，その年の訪日外客数は35万2000人ほどだった。その後訪日外客数は増加の一途をたどり，1978年には100万人を超えた。2002年には500万人を突破し，2013年には1000万人を超え，2018年には3000万人を超える数にまで上っている。出国日本人数についても若干の変動はあるものの，やはり基本的には増加している。観光客の増加は，当然それに伴う消費額の増加にもつながっている。2011年の訪日外国人の旅行消費額は8135億円であった（観光庁 2018a：4）が，2018年では4兆5189億円となっている（観光庁 2019：2）。また日本人の国内旅行消費額も，2010年から2018年の間，20兆円前後で推移している。総務省の集計では2017年度の家計最終消費支出が300兆円程度であることを考えると，旅行消費は大きな割合を占めることが分かる。したがって世界的にも日本国内でも，今や観光が経済のなかで大きな役割を占めていることは明らかである。

それは経済に限ったことではない。基本的に観光は人の移動を伴うものであり，そのことによって多様な人たちが出会い，文化の変容が起こることもある。また大量の観光客が同じ観光地へと出かけ，同じ場所を歩き，同じものを見ることによって，その場所への負荷が過剰にかかり，本来の観光対象であった景観や環境や文化財などを毀損してしまうということもあるだろう。観光の大衆化は一長一短があるが，そうした観光がどのように成立したかを概観してみよう。

・

マスツーリズムの幕開け

誰もが観光に出かけられるようになるきっかけをつくった人物として，トマス・クックの名前がたびたび挙げられる。「この一粒の実から近代ツーリズムという樫の大木が育つのである。現代のマスツーリズムの発展の跡をトマス・クックのこの最初の禁酒エクスカーションにまで遡るのは正当」（ブレンドン 1995：23）であるという。この一粒の実とは何だったかを簡単に確認してみよう。

トマス・クックはキリスト教バプティスト派の家庭に生まれ，自身もさまざまな職を経た後にバプティスト派の説教師を務めたこともあった。彼はまた熱心な禁酒主義者でもあった。その活動の一環として思いついたことがマスツーリズム（大衆観光）の時代の幕を開けることになる。彼が思いついたのは，鉄道を利用してレスターからラフラバまでの小旅行を企画し，そのことによって禁酒運動を盛り上げることであった。

1841年7月5日に彼のアイデアは実行された。彼はそのアイデアを実現するために，このイベントの広告を出したり，招待状を発送したり，さらにこの旅行の往復運賃が1シリングで済むように交渉したりなど，さまざまな努力を払っていた。そして当日は500人前後の参加者が集まり，列車は出発した。これが近代のマスツーリズムの誕生の場面である。クックはその後，世界最大の旅行代理店を設立し，観光業の隆盛の礎をつくった。しかし彼によって設立された旅行代理店のトマス・クック社は2019年に破産申請を行った。現在では，トマス・クックによって種を蒔かれた観光のあり方も大きく変わってきつつあることもまた間違いない。

・

マスツーリズムへの批判

19世紀の半ばに生まれたマスツーリズムであるが，それは生まれた当初から賞賛ばかりではなく，批判も投げかけられていた。マスツーリズムの成立以前，旅行することは上流階級の特権的な行為であったと考えられる。ところが旅行が大衆化すると，旅行に行くことができる，行くことができないではなく，行き先の違いが「社会的な『卓越』の指標となっていった」（アーリ 2014：47）とアーリは述べる。そして大衆観光の目的地になる場所が貶められることになる。

> 「労働者階級の行楽地のような，そういう場所は『大衆観光』の象徴として，また二流の場として急速に発展していった。二流の場は，上位社会階層からみて，悪趣味，凡俗，下品ということを一切を表象するものだった」（アーリ 2014：47）。

このように大衆観光に対して批判的なまなざしが向けられると同時に，観光客とそのまなざしが誕生したともいえる。

•

オーバーツーリズム

現代ではマスツーリズムで意味されているようなパッケージツアーで大量の観光客があちらこちらに押し寄せることだけが批判されるわけではない。パッケージツアーであれ，個人ツアーであれ，最初に見たように観光客が爆発的に増えていること自体がひとつの問題となっている。「特定の観光地において，訪問客の著しい増加が，市民生活や自然環境，景観等に対する負の影響を受忍できない程度にもたらしたり，旅行者にとっても満足度を大幅に低下させたりするような観光の状況」（観光庁 2018b：111）を**オーバーツーリズム**という。観光が世界経済のなかで大きな役割を果たしており，また世界全体が資本主義経済という枠組みで経済的利益を増大させようとするなかで，こうした状況はしばらく続くことになるだろう。

こうした状況は観光客にとっても地元住民にとっても好ましいものではない。もちろん単純に観光客が減ればよいというわけではない。観光客が減少することで，観光客を相手にした経済活動が立ちゆかなくなる危険がある。たとえば2019年末から発生した新型コロナウイルスは，観光業をはじめ多様な産業を窮地に追いやった。したがって観光により経済的利益，観光客の満足度，地元住民の生活の質などさまざまな要素を調和的に維持する必要がある。倫理的観点から見た観光のひとつの課題がそこに見えてくることになるが，こうした問題はもう少し後で考察することにしよう。

2｜持続可能性とエコツーリズム

オルタナティブツーリズム

1962年に出版されたレイチェル・カーソンの『沈黙の春』によって，環境問題への関心が社会的に高まった。日本でも高度経済成長に伴う公害問題の発生により，環境問題への関心が高まった。環境問題を考えるうえで大きな障壁になっていたのは，経済成長かそれとも環境保護か，という二項対立の図式であった。そうした状況に一石を投じたのが「環境と開発に関する委員会」によって出版された『われわれの共通の未来』であり，そのなかで語られた「持続可能な開発」という理念である。この理念が提出されることによって，経済成長と環境保護を両立させる新たな道が切り拓かれた。この理念の登場に合わせるかのように，観光においてもマスツーリズムに対する批判が高まり，それとは異なる観光，オルタナティブツーリズムという観光のあり方が浮上してきた。

持続可能な観光

しかし，オルタナティブツーリズムによってどのような観光が目指されているのか不明確なために，その意味をより明確にした**持続可能な観光**というあり方がマスツーリズムに対置されるようになってきた。たとえばUNWTOによって1999年に採択された「世界観光倫理憲章」は表14-1のような構成になっており，持続可能な開発との関連は第3条に見ることができる。

表14-1　世界観光倫理憲章

第１条	人間と社会間の相互理解と敬意への観光の貢献
第２条	個人と集団の充足感を得る手段としての観光
第３条	持続可能な開発の要素
第４条	人類の文化遺産の利用とその価値を増進させる貢献
第５条	受入国及び受入側地域社会に役立つ活動
第６条	観光開発の利害関係者の義務
第７条	観光をする権利
第８条	観光客の行動の自由
第９条	観光産業における労働者と事業者の権利
第10条	世界観光倫理憲章の原則の実施

持続可能性の意味

「持続可能な開発」という理念についてはすでに序章で説明されているので，ここではその理念を理解するうえで必要なことのみを扱うことにする。持続可能な観光というとき，持続可能性とは何を意味するのか，これが問題である。持続可能な開発をめぐる議論で，持続可能性は，大きく分けるなら弱い持続可能性と強い持続可能性に分けることができる。前者は自然資本（たとえば木や石油など）と人工資本（たとえば車やスマートフォンなど）の総量が維持，ないし増強されている状態を持続可能な状態と考えるのに対し，後者では，自然資本と人工資本は別々に維持，増強されるべきであるとされる。

弱い持続可能性の立場では，自然資本と人工資本は代替可能であると考えている。だからこそ，その2つの資本の総量が維持，増強されていれば，それは持続可能な状態である。それに対して，強い持続可能性の立場では，両者は代替不可能であると考える。両者はむしろ補完的な関係である。たとえば漁船と魚の関係を考えてみよう。漁船は確かに価値ある人工資本であるが，漁船によって獲るべき魚が存在していなければ，その漁船は価値を失ってしまう。他方の魚は自然資本と考えられる。そしてその魚は（食料としては），捕まえられて，食べられることによって価値があるといえる。つまり，食べることのできない魚は（食料としては）価値がない。したがって魚の価値は，その魚を獲るための道具（人工資本，この場合であれば漁船）なしには存在しないのである。

持続可能な観光を考えるときに，いずれの立場を採用すべきだろうか。弱い持続可能性の立場を採用するなら，極論すれば観光客が来続けて，毎年同じ額の消費をしていれば，どのような形態であれ持続可能な観光が行われているといえる。観光地は観光客を惹きつけるものであれば何であれ用意すればよく，その地域の気候，風土，文化，習慣などについて顧みる必要はない。むしろ，必要なのは観光客がこの地の観光によってどのくらい大きな効用（満足）を得ることができたのかということである。他方で強い持続可能性の立場を採用するなら，少なくとも，これまであった自然資本が同程度に維持されていなければならないのであるから，自然環境の保存をしつつ，観光客を呼び込むことを考えなければならない。以下ではこの問題を考えるために，持続可能な観光のひとつの形態である，**エコツーリズム**について考える。エコツーリズムとは，観光のひとつのあり方を示す言葉であり，その実際の活動がエコツアーである。

••

エコツーリズムの定義

エコツーリズムはどのような観光なのか，このことをまずは考えてみよう。エコツーリズムがどの時点で生まれたのかということについては諸説あるが，フェンネルによれば，おおよそ1970年代から80年代にかけてであるとされる(Fennell 2008)。2002年は国連によって国際エコツーリズム年として指定され，カナダのケベックで世界エコツーリズムサミットが開催され，「エコツーリズムに関するケベック宣言」が採択された。そのなかでエコツーリズムは以下のようなものとして定義されている。

> 「エコツーリズムは，観光の経済や社会や環境に対する影響に関して持続可能な観光の諸原則を受け入れていることを認識する。またエコツーリズムは持続可能な観光というより広い概念から自らを区別するために以下のような特定の諸原則を採用している。
> ・自然や文化遺産の保全に積極的に貢献する
> ・地域や先住民のコミュニティを計画，開発，運営に含め，彼らの幸福に貢献する
> ・目的地の自然や文化遺産について訪問客たちに解説をし，
> ・小集団の組織化された旅行客と同じように，個人の旅行客に適している」
>
> (WTO 2002: 65)

我が国ではエコツーリズムの推進に向けて2003年にエコツーリズム推進会議が設置された。そして2007年に制定されたエコツーリズム推進法では以下のように定義されている。

> 「『エコツーリズム』とは，観光旅行者が，自然観光資源について知識を有する者から案内又は助言を受け，当該自然観光資源の保護に配慮しつつ当該自然観光資源と触れ合い，これに関する知識及び理解を深めるための活動をいう」(エコツーリズム推進法)。

これらの定義を見るなら，エコツーリズムの実践は強い持続可能性の立場に基づいて行われるべきであることが読み取れるだろう。

ここではエコツーリズム推進法でいわれているような活動としてエコツーリズムを考えていくことにしよう。そうするとエコツアーは「観光客」「自然観光資源について知識をもっているガイド」「ガイドによる案内」といった要素が必須の構成要素となる。そしてガイドによる案内を通して，自然環境の保護に気をつけながら，観光客自らもその土地の自然環境に関する理解を深めることが望まれる。エコツアーの実際の活動としては，たとえばガイドに案内されてカヌーを漕ぎながら，その地域の植物や動物に関する説明を聞いたり，海岸を歩きながらそこに打ち寄せられる自然物や人工物がどうしてそこにやってくるのか，そしてそれらがその地域の自然環境にどのような影響を与えているのかといったことを聞いたりすることが考えられるだろう。観光客は，そうした動植物を見たり触れたりしながらその土地の自然環境について理解を深めていくことになる。

しかしそこにひとつのジレンマを抱えることになる。エコツアーでは，自然に対する理解を深めたり，自然にふれあったりするために，自然のなかに分け入ることになる。しかしそうした行為は当然のことながらその場の自然に対して一定程度の負荷をかけることになるだろう。そしてその負荷が自然の**環境収容力**（carrying capacity）を超えてしまったときに，その土地の自然は壊されていく。強い持続可能性の立場からすれば，そうした事態によって自然の価値が低下することは避けるべき事態であり，ツアーガイドは観光客を案内しながら，自然に負荷がかかりすぎないことを考えなければならないだろう。

エコツアーにとって自然とは，保護すべき対象である一方で，観光客を惹きつけるための商品的価値をもったものでもある。自然がなくなればその地域の観光地としての価値は低下してしまう。他方，その商品価値はあくまでも観光客がその地を訪れることによって生じるものであるなら，観光客が来なければよいというわけでもない。この問題はエコツアーにとって自然の価値とは何かという問題を引き起こすだろう。それは古典的な環境倫理学で議論されていた，自然の内在的価値と道具的価値といった二項対立的な図式にはおさめることができない問題を含んでいる。ここでは自然の価値に関する理論的な問題ではなく，観光客を呼び込みつつ，その土地の自然環境が破壊されないための方法について考えていくことにしよう。

3｜エコツーリズムにおけるコモンズの悲劇

エコツアーとコモンズの悲劇

経済的利益を増大させるためには観光客をたくさん招き入れることが考えられる。ところが観光客が増えれば増えるほど，その地域の自然環境が劣化することも考えられる。そしてついにはエコツアーという観光そのものを持続不可能なものにしてしまうことになる。エコツアーはそうしたジレンマの前に立たされている。このジレンマは第3章で見た「コモンズの悲劇」と同様の問題といえるだろう。松井によればコモンズの悲劇の問題は，ゲーム理論における「**囚人のジレンマ**」の問題として考えることができる（松井 2010：39)。

「囚人のジレンマ」とは次のような状況である。2人の囚人がいて，それぞれが別々の部屋で取り調べを受けている。お互いの状況は分からないとしよう。彼らから証言を引き出そうと取調官は2人に次のような話をもちかける。本来は懲役5年だが，お互いが黙秘したままであれば微罪で2年の懲役となる。もし片方だけが自白した場合，自白したものは釈放するが，黙秘したままの方は懲役10年となる。2人とも自白した場合，2人とも懲役5年となる。このような状況下では，2人がともに自己利益の最大化を基本原理として行為するなら，ともに自白を選択することになる。しかし両者が自白を選択した場合はともに懲役5年となってしまい必ずしも最善の結果が得られるわけではない。むしろ，お互いが協調して黙秘を続ける方がよりよい結果（懲役2年）を得ることになるのである。

コモンズの悲劇のモデルをエコツアーにあてはめてみよう。ある地域でエコツアーを営む業者は，自らの利益を最大化するために，自らの企画するツアーに参加する人が多ければ多いほどよいと考える。したがって，ツアー業者は，自らのツアーが催行できる限界まで参加者を募ることになる。こうした判断は当然のことながら，ひとつのツアー業者だけが考えるわけではない。多くのツアー業者が同様の考えをもつに至るだろう。したがって，同じ地域に存在する他のツアー会社もまた，自らのツアーに参加する観光客を最大化するための行動を起こすことになる。エコツアーで訪れる場所が，何の許可もなく誰もが訪れることができるような場所であれば，そこには多くの観光客が集まることになり，その場所が収容できる人数を大幅に超えてしまうということも起こりうるだろう。そのことによってその場の自然環境に対して過大な負担をかけることになる。また静謐な自然環境を味わいたいと考えている観光客にとっては魅力が失われてしまう。それはその地の観光を持続不可能なものにしてしまうことになる。こうした状況を回避するためには，それぞれが自己利益の最大化を目指すのではなく，むしろ協調的な行動をとる必要がある。私たちが自己利益の最大化を目指して行為をするという想定はアダム・スミス以来，主流の経済学がとってきたものであるが，近年さまざまな研究で，そういう想定の問題点が指摘されてきている。ここでは，そうした指摘をふまえていかにして協調的な行動をとることができるのかを考えてみよう。

・・・

コモンズの類型と管理

エコツアーにおいて経済的利益を上げるために無制限に観光客を招き入れていれば，いつかはその土地の環境はその収容能力を超えてしまい，環境破壊が生じる。それを回避するためには協調的な行動が必要である。実際，コモンズの悲劇を唱えたハーディンが予想したような結果を迎えるばかりでなく，むしろ「喜劇」（全米研究評議会編 2012：6）となるケースも多いということが指摘されている。コモンズの悲劇を回避して，ハッピーエンドを迎えるためにはどのような仕組みが必要なのだろうか。ひとくちにコモンズといっても，実際にコモンズはさまざまである。ここでは井上真の分類を参考にして，コモンズを類型化してみよう（井上 2001：13）。

たとえば空気は私たち誰もが自由に利用することができるものであり，またそれは地球全体を覆うものである。他方で，エコツアーで観光客が訪れるある特定の自然環境はその地域に限定されている。つまりコモンズはグローバルなコモンズとローカルなコモンズに分けることができる。また管理形態から見て，厳格なルールもなく使用されているコモンズ（ルースなコモンズ）と，あるルールのもとに使用されているコモンズ（タイトなコモンズ）という分類も可能である。そうすると，可能性としてはコモンズには以下の4つの類型がある。①ルースでグローバルなコモンズ，②タイトでグローバルなコモンズ，③ルースでローカルなコモンズ，④タイトでローカルなコモンズである。

井上によれば，コモンズの悲劇は「グローバルなコモンズ」および「ルースでローカルなコモンズ」において起こるものであり，「タイトでローカルなコモンズ」では起こりにくいという（井上 2001：13）。そうであるなら，エコツアーの舞台となる地域を「タイトでローカルなコモンズ」としていく努力が必要になる。そのためにはその地域の人たちによって管理ルールがつくられる必要がある。

•••

ルールづくり

ローカルなコモンズは，それがローカルである以上，その地域の特性をもっており，必ずしも普遍化できるものではないかもしれない。そこで，具体的にどのようなルールが望ましいかではなく，ルールをつくるうえでどのようなことを考えるべきかということについてふれ，この章を閉じたい。

エコツアーは自然環境を対象とした観光である以上，その自然環境が受け入れられる観光客には上限を設けざるをえないだろう。すなわち観光客がやってきてもその土地の自然環境が劣化しない範囲を上限とすべきである。しかし，ただ上限を決めればよいという問題ではない。ただ一人の観光客によってその土地の自然環境が劣化しうる可能性を考えるなら，観光客がどのような振る舞いをすべきかということについても一定のルールが必要になる。また，観光客の上限を決めるのであれば，ツアー代金が一定という前提のもとでは，どれだけの経済的利益が見込まれるかも上限が決まるだろう。そしてそうした条件のもとで，その土地のエコツアーに参入する業者が増えれば増えるほど，ひとつの業者あたりの収入は減ってしまうことになる。それを避けるためには，参入するツアー業者の数を制限することも必要かもしれない。しかしそうだとすると，いったい誰がそこでツアー業を営む権利をもつことができるようになるのだろうか。

ここでルールをつくる際のすべての問題を網羅的に挙げることはできないが，これらの問題を一つひとつその地域の人たちが議論しながら，多くの人が合意できるようなルールをつくり，エコツアーが営まれる必要がある。

参考文献

アーリ，J/J・ラースン　2014『観光のまなざし』増補改訂版，加太宏邦訳，法政大学出版局

井上真　2001「自然資源の共同管理制度としてのコモンズ」井上真・宮内泰介編『コモンズの社会学』新曜社，1-30頁

観光庁　2018a「【訪日外国人消費動向調査】平成29年（2017年）年間値（確報）」http://www.mlit.go.jp/common/001226297.pdf（最終閲覧2020年2月29日）

――　2018b『平成30年版　観光白書』日経印刷

――　2019「【訪日外国人消費動向調査】2018年（平成30年）の訪日外国人旅行消費額（確報）」http://www.mlit.go.jp/common/001283138.pdf（最終閲覧2020年2月29日）

全米研究評議会編　2012『コモンズのドラマ――持続可能な資源管理論の15年』茂木愛一郎・三俣学・泉留維監訳，知泉書館

ブレンドン，P　1995『トマス・クック物語――近代ツーリズムの創始者』石井昭夫訳，中央公論社

松井彰彦　2010『高校生からのゲーム理論』筑摩書房

Fennell, D. 2008. *Ecotourism*, third edition. Routledge

World Tourism Organization（WTO）2002. *The World Tourism Summit Final Report.*

World Tourism Organization of the United Nations（UNWTO）2018. *Tourism Highlights 2018 Edition* https://www.e-unwto.org/doi/pdf/10.18111/9789284419876（最終閲覧2020年2月29日）

Case Study｜ケーススタディ14

リゾート開発と環境問題
経済活動と環境保護のバランス

観光開発

産業革命以降の工業化の波は，私たちの生活を一変させた。経済活動も活発になり，大量生産－大量消費－大量廃棄のサイクルが作りあげられた。こうして年々，経済規模は大きくなり，資源の消費，廃棄も多くなり，それが環境破壊につながっていることは明らかだろう。経済成長を追い求めることが避けがたく環境破壊を引き起こし，他方で環境を保護しようとするなら経済成長を断念せざるをえないという二者択一の状況が長らく続いた。

1980年代に「持続可能な開発」という理念が打ち出されると，環境保護と経済成長との両立を目指す可能性が見えてくることになった。しかし工業化での開発は，やはり環境を破壊することにつながるだろう。そこでこれまで工業化されていなかった地域では，残された自然環境，文化などを売り物にして観光客を呼び込み，経済成長を達成するという観光開発が注目を浴びるようになった。観光業は地域に雇用を生み出し，観光客による消費を促す。そのことで地域の経済が活性化していくことになる。

環境への影響

そうした状況で多くの地域が，地元の自然環境や文化などを活かした観光開発に乗り出した。しかし観光客に来てもらうためにはさまざまなインフラを整備する必要もある。たとえば日本有数の自然を誇る沖縄県の八重山諸島では，エコツアー業者がたくさん参入し，観光客で賑わっているが，島を結ぶフェリーによる移動の利便性の問題や，宿泊施設の問題などを抱えていた。21世紀の始め，八重山諸島のなかのひとつ沖縄県竹富町の西表島で，あるホテルの建設が注目を浴びた。その建設の経緯を確認してみよう。

1999年に西島本町長（当時）がユニマット不動産にウナリ崎地区の開発を依

Case Study | ケーススタディ 14

頼する。2002年9月24日までにユニマットや町による現地説明会が複数回開催されるが，必ずしも住民の合意が得られたとはいえない状況でユニマット不動産は町に対し開発許可申請書を提出し，開発協定書が締結され，町は県に対して開発許可申請書を進達し，2002年10月に県から開発許可が下りた。

こうしたなか，全国環境保護連盟が開発の差し止めを求める訴訟を起こすが，いずれも却下されている。そして2003年3月には工事が着工され，工事現場では抗議活動も行われた。4月に入ると日本生態学会が「西表月ヶ浜リゾート計画の工事中断と，環境影響評価の実施を求める要望書」を沖縄県に提出している。6月には日本魚類学会が「ユニマット不動産による西表リゾート開発の中断と環境影響評価の実施を求める要望書」を環境大臣や沖縄県知事などに送付している。さらに世界自然保護基金（WWF）も西表島リゾート開発の計画の見直しを求める見解を発表している。このようにさまざまな懸念が表明されるなか，工事は進められ，2004年4月にホテルは開業した。

日本生態学会や日本魚類学会が提出した要望書からはトゥドゥマリの浜の環境がとても貴重な環境であることがわかる。ホテルが建設されれば，トゥドゥマリの浜や浦内川の河口域に生息する絶滅危惧種にも大きな影響があるかもしれないのである。またその浜は地元の人々にとっては神聖な場所でもあり，生態学的のみならず，文化的にも重要な場所である。しかしホテル建設による環境への影響を評価することなく建設が許可されている。とはいえ，それが違法であるということもいいがたいかもしれない。というのも沖縄県の条例では20haに達しない場合は環境影響評価を実施しなくてもよいからである。日本生態学会は，将来的には20haを超える開発が計画されていることから，建設を一時中止し，環境影響評価を行うべきとしている。

対立する価値

ホテル建設をめぐって，開発を推進する側と開発に反対する側とが存在し，地元の意見も割れていたといえるだろう。ホテルが建設されれば，そこに雇用が生まれる。そもそも西表島には高校もなく，高校や大学に進学するためには島外に出て行かなければならない。そして島に雇用がなければ出て行ったままで，帰ってくることもできないだろう。したがってホテル建設によって大きな雇用が生まれるなら，地元にとって魅力的に映るだろう。他方で自然環境をある種の商品とすることで観光客をひきつけようとするなら，環境の劣化は避けるべきである。また生物多様性の保全や，文化的に神聖な場所であるということを考えるなら，経済的な観点からだけで判断するような問題ではないだろう。おそらくここにはひとつの尺度で測ることのできない，多様な価値の対立があり，それをいかに調整するかということが問題になってくるのではないだろうか。そのためには多様な関係者が集まり，開発にまつわるさまざまな情報の開示を受けたうえで議論していく必要がある。そこでどのような合意に至るかは，それぞれの地域の特性や事情により異なるだろうが，そうした場が準備できるかどうかが対立する価値を調整するためには重要である。

参考文献

奥田夏樹　「西表浦内地区のトゥドゥマリ浜（通称月が浜）における大型リゾート開発問題に関する報告」 http://ankei.jp/yuji/file/0605/000210_1.pdf

日本生態学会　2003「西表島浦内地区におけるリゾート施設建設の中断と環境影響評価の実施を求める要望書」http://www.esj.ne.jp/esj/Activity/2003Iriomote.html

日本魚類学会自然保護委員会　2003「ユニマット不動産による西表リゾート開発の中断と環境影響評価の実施を求める要望書」http://www.fish-isj.jp/iin/nature/teian/030612b.html（以上すべて最終閲覧2020年3月1日）

Active Learning｜アクティブラーニング 14

Q.1

移りゆく観光について調べてみよう。

2019年にトマス・クック社が破産申請の手続きをとったが，この破産の背景にはどのようなものがあったのかを調べてみよう。特に観光の形態の変化に着目しよう。

Q.2

オーバーツーリズムについて議論しよう。

あなたの身近な地域でオーバーツーリズムという現象が生じていないか調べてみよう。またそこでは具体的にどのような問題が生じているか，できる限りその問題を挙げてみよう。そのうえで，それらの問題に対してどのような解決策があるか議論してみよう。

Q.3

エコツアーによる自然の劣化について考えよう。

本文中でエコツアーによる自然環境への負荷という議論が出てきたが，エコツアーを行うことで自然環境にどのような負荷をかけているか，また自然環境を劣化させるどのようなリスクがあるのかを調べてみよう。そのうえで，そうした問題を回避するための方策を考えてみよう。

Q.4

エコツーリズムにおける共有地の悲劇を回避する方法を考えよう。

エコツアー業者は観光客を受け入れれば受け入れるほど経済的利益を得ることができる。しかし他方で，それはその土地の自然環境に対して負荷をかけることになり，最悪の場合，自然環境を破壊することにもなりかねない。そうした悲劇を回避するために，エコツアー業者はどのようなことに配慮すべきだろうか。具体的にどのようなルールを制定すべきか議論してみよう。

事項索引

あ行

か行

さ行

た行

な行

は行

ま行

や行

ら行

人名索引

あ行

か行

さ行

た行

な行

は行

ま行

や行

ら行

わ行

■**編者・執筆者紹介**（執筆順。＊印編者）

＊吉永明弘（よしなが あきひろ）

法政大学人間環境学部教授。博士（学術）。専門は環境倫理学。おもな著作に『都市の環境倫理――持続可能性，都市における自然，アメニティ』（勁草書房，2014年），『ブックガイド環境倫理――基本書から専門書まで』（勁草書房，2017年）など。

＊寺本　剛（てらもと つよし）

中央大学理工学部教授。博士（哲学）。専門は哲学・倫理学。おもな著作に『未来の環境倫理学』（分担執筆，勁草書房，2018年），「コリングリッジの技術選択論――原子力発電を手がかりとして」（『応用倫理――理論と実践の架橋』9巻，2016年）など。

熊坂元大（くまさか もとひろ）

徳島大学大学院社会産業理工学研究部准教授。博士（社会学）。専門は環境倫理学。おもな著作に『「環境を守る」とはどういうことか――環境思想入門』（分担執筆，岩波書店，2016年），「『動物のいのち』におけるエリザベス・コステロの振る舞いから考える交感と受傷性の倫理」（『環境思想・教育研究』10号，2017年）など。

太田和彦（おおた かずひこ）

南山大学総合政策学部准教授。博士（農学）。専門は環境倫理学，食農倫理学。おもな著作に「持続可能なフードシステムの構築に向けた多様な当事者の関与の促進――『食に関わることの市民性』の概念分析と使用傾向について」（共著，『共生社会システム研究』13号，2019年），『〈土〉という精神』（訳書，農林統計出版，2017年）など。

佐久間淳子（さくま じゅんこ）

立教大学社会学部現代文化学科兼任講師。週刊誌記者を経てフリーランスジャーナリスト。専門は自然保護，環境問題，捕鯨問題。おもな著作に『環境倫理学』（分担執筆，東京大学出版会，2009年），『解体新書「捕鯨論争」』（分担執筆，新評論，2011年）など。

神沼尚子（かみぬま しょうこ）

琉球大学大学院人文社会科学研究科博士課程修了。博士（学術）。専門は環境思想，アメリカ研究。おもな著作に「アリュート人をめぐる環境正義の問題――環境人種差別と強制収容の問題を中心に」（『文学と環境』16号，2013年），「環境正義思想に見る先住民族の世界――アリュート研究を中心に」（博士論文，琉球大学，2015年）など。

山本剛史（やまもと たかし）

慶應義塾大学教職課程センター他非常勤講師。修士（哲学）。専門は倫理学。おもな著作に『〈証言と考察〉被災当事者の思想と環境倫理学――福島原発苛酷事故の経験から』（編著，言叢社，2024年），『生命（いのち）の倫理と宗教的霊性』（分担執筆，ぷねうま舎，2018年），『未来の環境倫理学』（分担執筆，勁草書房，2018年）など。

佐藤麻貴（さとう まき）

東京大学大学院附属共生のための国際哲学研究センター・東京大学連携研究機構ヒューマニティーズセンター兼務特任助教。博士（グローバル研究）。専門は環境哲学。おもな著作に*Tetsugaku Companion to Japanese Ethics and Technology*（分担執筆, Springer, 2019年），「「人新世」が問いかけてくるもの――新たな環境思想のための思考実験ノート」（『哲学』71号，2020年）など。

犬塚　悠（いぬつか ゆう）

名古屋工業大学大学院工学研究科准教授。博士（学際情報学）。専門は哲学・倫理学。おもな著作に*Japanese Environmental Philosophy*（分担執筆，Oxford University Press，2017年），*Tetsugaku Companion to Japanese Ethics and Technology*（分担執筆，Springer，2019年）など。

紀平知樹（きひら ともき）

兵庫県立大学看護学部教授。博士（文学）。専門は哲学・倫理学。おもな著作に『岩波講座 哲学04　知識/情報の哲学』（分担執筆，岩波書店，2008年），『哲学ワールドの旅』（分担執筆，晃洋書房，2018年）など。

3STEP シリーズ 2　環境倫理学

2020 年 10 月 30 日　初版第 1 刷発行
2024 年 10 月 25 日　初版第 4 刷発行

編　者　吉 永 明 弘
　　　　寺 本　　剛

発行者　杉 田 啓 三

〒 607-8494　京都市山科区日ノ岡堤谷町 3-1
発行所　株式会社　昭和堂
TEL（075）502-7500／FAX（075）502-7501
ホームページ　http://www.showado-kyoto.jp

印刷　モリモト印刷

ISBN978-4-8122-1934-8

＊乱丁・落丁本はお取り替えいたします。

Printed in Japan